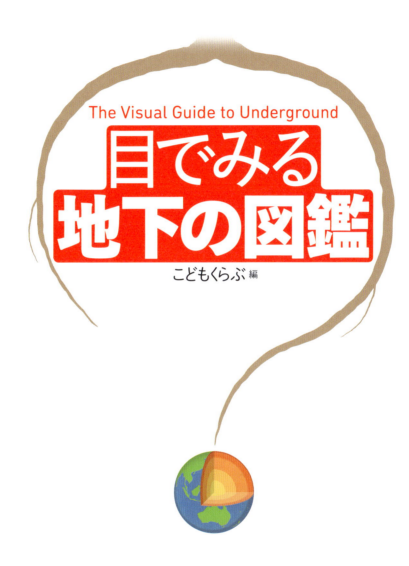

The Visual Guide to Underground

目でみる地下の図鑑

こどもくらぶ 編

東京書籍

目でみる地下の図鑑

ビジュアルINDEX

この本は、「PART1．地面の下はどうなってるの？（植物編）」、「PART2．地面の下はどうなってるの？（動物編）」、「PART3．地面と人間、過去・現在・未来」、「PART4．地球規模の地下」の4つのパートに分かれています。

- はじめに ……………… 6
- この本の見方 ………… 8

PART1 地面の下はどうなってるの？（植物編） 9

①木の根っこの深さは？ 10

②木の根っこの広がりは？ …… 12

③竹林の広がり …… 14

④木に共生するキノコ …… 16

⑤落花生は土の中！ …… 17

⑥土の中の野菜 …… 18

ものしり雑学
えっ、そうだったんだ！アスパラガスとウド …… 20

⑦球根の種類と深さ …… 22

⑧草花の根の長さは？ …… 24

ものしり雑学
五木寛之の『大河の一滴』…… 26

PART2 地面の下はどうなってるの？（動物編） 27

① 地面の穴は？ ……… 28

② アリの巣の大きさは？深さは？ …… 30

③ 地下に巣をつくる虫たち …… 32

④ ずっと土の中にいる虫 …… 34

⑤ 地下にかくされたたまご …… 35

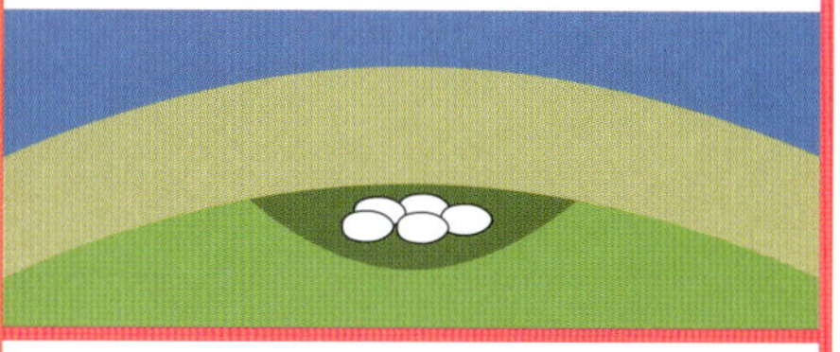

⑥ 地下で冬眠する生物 …… 36

ものしり雑学 土壌生物 …… 37

⑦ 小動物たちの地下 …… 38

ものしり雑学 写真でみる 穴掘るかわいい動物たち …… 39

ものしり雑学 地下の温度 …… 40

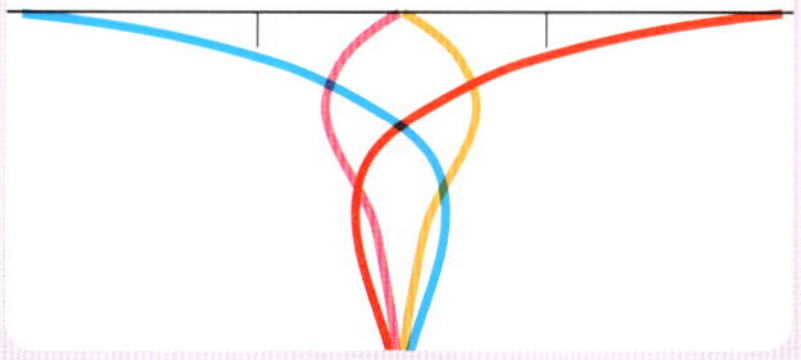

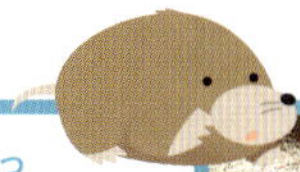

PART3 地面と人間、過去・現在・未来 41

① 地球上の生物が利用する地下 …… 42

② アリ→モグラ→カッパ？ …… 44

③トルコの地下宮殿……45

④地下と水……46

ものしり雑学
人類の地下利用法を分類すると……47

⑤日本の下水道の歴史……48

ものしり雑学
暗渠って何?……49

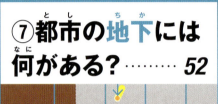
⑥日本が世界にほこる地下宮殿……50

ものしり雑学
地下へのとびら・マンホール……51

⑦都市の地下には何がある?……52

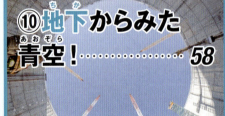
⑧電柱の深さは?……54

⑨建物の基礎の深さは?……56

⑩地下からみた青空!……58

⑪どんどん深くなる地下鉄……60

⑫現代日本の巨大地下都市……62

ものしり雑学
「大深度地下使用法」って何?……64

⑬海の地下……66

⑭「ジオフロント」とは?……68

⑮地下深くにある世界の科学施設……70

ものしり雑学
地下をテーマにした作品……72

PART4 地球規模の地下 …73

① 地下洞窟を探検する…… 74

② 水が流れる地下 …… 76

③ 地底湖 …… 78

④ 世界遺産になった洞窟 …… 80

⑤ 石炭のある深さ …… 82

⑥ 石油がねむる深さ …… 84

⑦ 鉱石をもとめて地下を掘る …… 86

ものしり雑学　人類のタイムカプセル・地層 …… 87

⑧ 地球の内部 …… 88

⑨ 地球をおおう地下のプレートとは …… 90

ものしり雑学　プレート境界型地震 …… 91

- 用語解説 …… 92
- さくいん …… 94

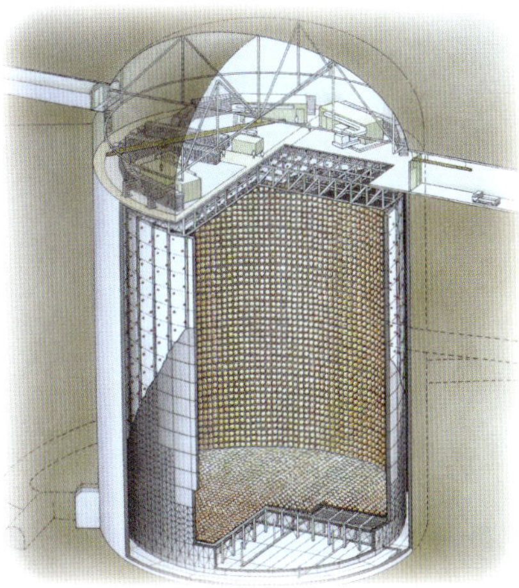

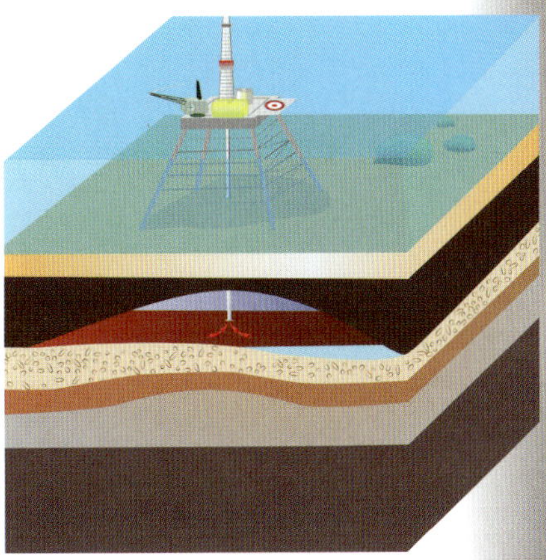

はじめに

歩道を歩いていて、地面のブロックがもちあがっているのをふしぎに感じたことはありませんか。何かが下にあるのかな？ 下からもちあげているみたい？ ふと横の街路樹の根元をみてみると、地面に入りこんでいる根っこがのびていて、地中からブロックをおしあげているのかもしれない……と。

神社の敷き砂利のあちこちに、こんもり土が盛りあがっています。何だろう？ どうやって砂利をどかして噴火口みたいな山をつくるのかな？ アリの巣に似ているけれど、巨大すぎる！ モグラかもしれない？ でも、砂利が敷かれた地面に、穴をあけるのかな？ トンネルは、どうなっているのかな？

道路工事をしています。何の工事でしょう。パイプをうめているみたいだけれど、何のパイプ？ どのくらいの深さにうめているのかな？ 道路の舗装のためのアスファルトって、どのくらいの厚みがあるの……？

道路には、電柱やガードレールをはじめ、いろいろなものが地面から立っています。それらは容易に倒れないようにするため、どのくらいの深さまで、どんなふうにうまっているのでしょうか。

❶、❷『地底旅行』（挿絵）
（Voyage au centre de la terre）
1864年、フランス、作：ジュール・ヴェルヌ
挿絵：エドゥアール・リウー

❸DVD『センター・オブ・ジ・アース』
2008年、アメリカ
発売・販売元：ギャガ
©MMVIII NEW LINE PRODUCTIONS, INC.AND WALDEN MEDIA, LLC.ALL RIGHTS RESERVED.

　もとより、最初に記した街路樹の樹木は、大風や地震に耐えられるようにどのようにして、どのくらいの深さまで根をはっているのでしょうか。

　地下に興味をもつ人たちの中には、フランスの小説家ジュール・ヴェルヌ（1828〜1905年）が、1864年に発表した古典的なSF小説・冒険小説『地底旅行』を思いだす人が多いのではないでしょうか。その小説には、次のようにあります。

　オットー・リーデンブロックという鉱物学の教授が、偶然購入した古本にはさみこまれた暗号文を発見。甥のアクセルとともに解読を試み、なんとか成功。「アイスランドのスネッフェルス山の頂にある火口の中を降りていけば、地球の中心にたどり着く」と知り、行ってみることにした。2人と案内人のハンスは数十日をかけて、巨大な洞窟に到達する。その大洞窟には、海があり、キノコの森が繁茂し、地上では絶滅したはずの古生物たちが生息していた。

　現代のわたしたちは、地球の中心部はマグマだまりになっていて、地下奥深くなるほどに温度が高くなることを、おおよそ知っています。でも、ヴェルヌもそれはわかっていたはずです。

　ヴェルヌは、科学性を重んずることでも知られる小説家です。じつは、彼は地球の中心熱の問題を十分知っていながら、小説の中では「なんらかの自然現象の影響で、この法則が曲げられることもあるということは、わたしも認めざるを得ない」とし、わたしたちの地下への興味・関心・想像・空想をかきたてることを優先したのです。

　さて、この本は、わたしたちの身の回りの地下について、なんとか「目でみる」ことができないかと、いろいろと編集を工夫した本です。また、ヴェルヌの『地底旅行』の小説に出てくる地底を、現代の科学の力をもって解説するように『目でみる地下の図鑑』として仕立てました。
　読者のみなさんには、この本を、これまでの『目でみる単位の図鑑』『目でみる算数の図鑑』『目でみる1mmの図鑑』とおなじように目でたのしんでいただけると、とてもうれしく思います。

稲葉茂勝
子どもジャーナリスト
Journalist for Children

この本の見方

この本では、身近な地下から地球規模の地下まで、いろいろな地下の世界をみていきます。

テーマ
そのページでとりあげている地下に関するテーマ。パート1からパート4までの4つに分かれている。

ポイント
注目してほしいポイントについて一言でコメント。

深さ
そのページで紹介している内容がだいたいどのくらいの深さのことかを示す。

見出し
この見開きで紹介している項目について、わかりやすく説明。

問題
地下の世界のふしぎをクイズにしてある。

答え
そのページでとりあげたクイズの答え。

もっと知りたい
そのページでとりあげている内容に関連して、さらに専門的なことや、あわせて知っておきたいことを紹介。

ものしり雑学

地下の世界について、知っておくとより役立つ情報を紹介。

PART1 地面の下はどうなってるの？（植物編）

→P10　→P12　→P14　→P16

→P17　→P18　→P22　→P24

PART 1 地面の下はどうなってるの？（植物編）

①木の根っこの深さは？

右ページの歌は、『この木なんの木』（作詞：伊藤アキラ、作曲：小林亜星）です。テレビのコマーシャルでくりかえし流されているので、たいていの人は聞いたことがあるのではないでしょうか。この大きな木の根っこは、どのくらい深くまで達しているのか気になりませんか。

> **Q** 高さが約25mのこの木の根の深さは、それより深いでしょうか、浅いでしょうか。

A 浅い。植物が深くのびようとしても、土より下には植物は横にしか広がれないため。

♪この木なんの木　気になる木
名前も知らない　木ですから
名前も知らない
　　木になるでしょう♪

モンキーポッド（MONKEY POD）

熱帯アメリカ原産のマメ科の木。サルがその実を好んで食べることからついた名といわれる。また、日のかげる雨降りの日には葉が閉じるので、レインツリー（雨降りの木）ともよばれている。中南米、西インド諸島などに多い。テレビCMでつかわれているのは、アメリカのハワイ州オアフ島にある「モアナルア・ガーデン」に生えている高さが約25m、幅約40m、幹の周囲（幹まわり）約7mのもの。

こんなに大きな木の根っこ、どれだけ深いのかな？

地球は大きく分けて5つの層からできている。もっとも表面は「地殻」とよばれるところで、その地殻をおおうのが「土壌」。

半径約6370km

地球の構造（→P88）

土壌の深さはせいぜい1〜2m

「土壌」は、地球の表面をおおっている土のこと。岩石が風化したものと動植物の死がいなどが分解されたものがまじっている。場所によってことなるが、地表からの深さはせいぜい1〜2mまでといわれる。

PART1　地面の下はどうなってるの？（植物編）

②木の根っこの広がりは？

『この木なんの木』の歌詞には
♪いつか葉が繁って
幹が大きく育って　根を広げて♪
とあります。今度は、根っこが
どのくらい広がっているのか
みてみましょう。

Q 桜の木の枝が広がる（枝張り）範囲と、根っこが広がる（根張り）範囲とでは、どっちが広いでしょうか？

根張りで歩道ブロックがおしあげられている（東京都国立市）。

根張りと枝張り、どっちが広い？

「根張り」とは、根が土の中で広がる（はびこる）ことをさす。桜の木をはじめ、ほとんどの木の根張りは、枝張りより広がることが多い。

歩道にそって植えられた木の根は、行き場を失い、歩道ブロックの下に入りこむこともある。

A 根っこ。

しっかり地面をつかまえている！

もっと知りたい

『最新 樹木根系図説』

この本は、世界的な「木の根の博士」といわれる苅住昇が書いた本。ふつうみることのできない木の根っこについて、とてもくわしく書いてある。下は、ソメイヨシノの根張りのようす。

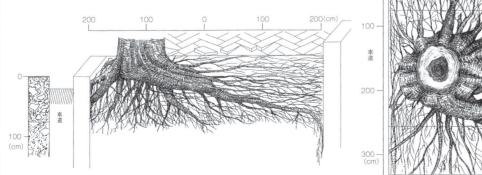

神奈川県横浜市・大岡川沿いの歩道のソメイヨシノの根系断面図（左）と根系平面図（右）。　苅住昇著『最新 樹木根系図説 各論』（誠文堂新光社）

PART1　地面の下はどうなってるの？（植物編）

③竹林の広がり

前のページでは、木の根っこが
歩道のブロックをおしあげています。
右の写真は、タケノコが
床をつきやぶっています。
ここでは、知っているようで
知らない竹（竹林）の
地下についてみてみましょう。

床が
つきやぶられて
いる!?

写真：中山清志

春になると、竹林はタケノコ狩りでにぎわう。

タケノコから竹になる!?

タケノコがやわらかいのは、土（地表）から出てきてわずかな期間だけ。土から頭を出したタケノコは急に成長して、かたい竹になる。

タケノコは、産毛のようなこまかい毛が生えた皮が何枚もついている。じつは、その皮の有無が、タケノコと竹を分ける。背がのびるにつれて、皮が1枚ずつ、自然にはがれ落ち、すべて落ちると竹になるわけだ。

タケノコの成長は非常にはやく、モウソウチクは、1日に約1mのびることもある。

Q これは何？

長さ 75cm
長さ 100cm

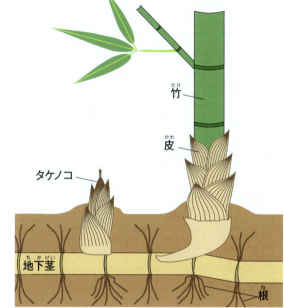

多くの竹林は、もとは1本の竹が次つぎに地下茎（→P93）をのばして繁殖し、大きな林になったもの。

資料提供：渡邊政俊（竹文化振興協会専門員）

掘りたてのタケノコ。

斜面を歩きながらタケノコを探し、割れ目を見つけて、ここ！と決まれば、タケノコ掘り用のくわで土をよける。　写真：Rassic／臼杵農園・臼杵英樹

タケノコ掘り用のくわで、土の中にあるタケノコのまわりを、てこの原理（→P93）を利用して掘る。　写真：渡邊政俊

PART1 地面の下はどうなってるの？(植物編)

菌輪

キノコが輪をえがいてならんでいるようにみえることがある。これを菌輪という。地中で菌糸が放射状に成長して、その先端部分に子実体（キノコ）が発生することによりできるといわれている。菌糸体は環境がよければ何十年も生きて成長しつづける。

④木に共生するキノコ

キノコの中には、マツタケやホンシメジのように、木の根についた菌糸（菌根菌）からのびるものがあります。菌根菌は、木の養分をもらうかわりに、土から養分を集め、木にあたえています。

 Q 右のキノコは、何？

もっと知りたい

トリュフ

トリュフは、セイヨウショウロともいう。子嚢菌類セイヨウショウロ属のキノコ。カシ属の植物の根に寄生し、地下で育つ。直径3～10cmのかたまりになる。フランスやイタリアで産出し、ブタやイヌの嗅覚を利用してさがすことで知られる。世界三大珍味といわれる高級品。

A マツタケ。土の上のひのかげから、地面の中にあるきのこを発見できる。

落花生と枝豆って、似ているけれど……!?

⑤落花生は土の中！

落花生はマメ科の植物で、ナンキンマメ（南京豆）やピーナッツともよばれます（からを取りのぞいたものをそうよぶことが多い）。

根粒菌って、何?

「根粒菌」とは、マメ科の植物の根に共生（→P92）する微生物のこと。根についたつぶつぶ（根粒）の中にすんでいるので、根っこの粒の菌と書く。右の写真の粒状のものが「根粒」。根粒菌は、落花生のように土の中で育つ豆の根だけでなく、枝豆など地上で豆をつくるものの根にも共生する。

もっと知りたい

大豆と枝豆

「大豆」は、マメ科ダイズ属の植物。枝豆と大豆はおなじ。枝豆からさらに成熟すると大豆になる。

枝豆

大豆

PART 1 地面の下はどうなってるの？（植物編）

⑥土の中の野菜

土の中にある根っこや茎を食べる野菜をまとめて「根菜」とよびます。根菜は地表の下（地下）でどのように育っているのでしょう。

タマネギ 深さ 約5〜10cm

わたしたちが食べているのは、鱗茎という地下茎の一種。養分をたくわえた厚みのある葉のようなものが、何枚も重なっている。

ジャガイモ　　**サツマイモ**（写真：菊地美香）　　**サトイモ**

レンコン
深さ 約30〜50cm

レンコンはハスの地下茎。レンコンの穴は、レンコンが泥の中で呼吸するためにある。葉から取りいれた空気が葉柄を通り、レンコンの穴に送られて呼吸をする。

18

根っこと茎

サツマイモは「塊根」といい、根の一部が肥大化したもの。サツマイモを土に半分うめておくと、芽がイモの一方の端からのびて小さな葉をつけ、もう一方の端からは、根がたくさんのびてくる。

一方、ジャガイモやサトイモは、「塊茎」といって、茎の一部が肥大化したもの。土に半分うめておくと、芽が出てきて成長し、小さな葉をつけ、芽の根元から多くの根をのばすが、種イモから直接根だけがのびることはない。

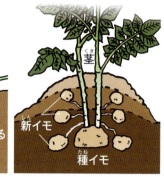

ニンジン

熊本長ニンジン
深さ 約100cm
長さが1mほどになる細長いニンジン。熊本県が産地。ニンジンの食べる部分は、根っこ。

長さが1mにもなるニンジン

青首ダイコン
深さ 約30〜50cm
地上に出てきた部分が緑色になるため「青首」ダイコンとよばれる。白い部分は「根」で、青い部分は「茎」にあたる。

写真：松山清一/アフロ

守口ダイコン
深さ 約100〜120cm
おもに岐阜県や愛知県で生産される、世界最長のダイコン。ふつうのダイコンよりも細いが、長さが1m以上ある。

世界一細長いダイコン

写真：愛知県漬物協会

ものしり雑学

えっ、そうだったんだ！
アスパラガスとウド

アスパラガスには、グリーンアスパラガスとホワイトアスパラガスがあります。アスパラガスとウドは似たところがあるのです。わかりますか？

土をかぶせて日にあてないように育てるとホワイトアスパラガスになる。

アスパラガスは、土から顔を出した若い茎の部分。これが、緑色をした「グリーンアスパラガス」だ。このアスパラガスと白い「ホワイトアスパラガス」は、栽培方法がちがうだけで品種はおなじもの。ホワイトアスパラガスは、日光があたらないように土をかぶせたりおおいをかけたりして栽培し、白いまま成長させる。アスパラガスの原産地は、南ヨーロッパ、西アジア、クリミア半島といわれている。紀元前にはヨーロッパで栽培がおこなわれていた。日本へ入ってきたのは18世紀（江戸時代）で、タマネギ（→P22）とおなじように観賞用だった。食用に栽培されるようになったのは明治時代からといわれている。

野生のウド。光があたっているから、上部が緑色をしている。

暗室に入れ、暗やみの中で育てられたウド。光があたらないので全体が白い。

ウドは、ウコギ科の多年草で、山野に生え、高さ約1.5mになる。山菜としてやわらかい若芽を食べるが、野菜として白いウドが栽培されている。その栽培の仕方が日光をあてないようにする点で、ホワイトアスパラガスとおなじ。ウドの場合は、穴を掘って「ウド室」とよばれる穴蔵の中で栽培される。ウドは数少ない日本原産の野菜のひとつで、英名も「udo」という。現在特産地となっている東京では、江戸時代には栽培が始まっていたとされている。

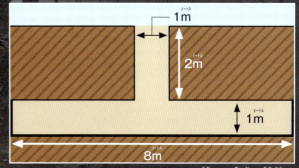

ウドを育てる地下の穴蔵の断面図（上）と穴蔵の出入口（左）。光にも風にもあてずに育てることで、まっ白なウドができあがる。

写真・資料提供：立川市

PART1 地面の下はどうなってるの？（植物編）

⑦ 球根の種類と深さ

タマネギはチューリップなどの花とおなじ球根（→P92）で、日本に伝わってきたときには観賞用でした。

タマネギの花。

 タマネギの球根は、地下どのくらいの深さにあるの？

A およそ5〜10cm。

6種類の球根

球根は、植物の体の一部が地下で養分をたくわえるためにふくらんだもの。「鱗茎」「球茎」「塊茎」「根茎」「塊根」「担根体」の6つに分けられる。

- 鱗茎：タマネギ（→P18）のように、短くなった茎に肉厚の葉が重なりあい球形・卵形になったもの。ニンニク、ユリ、チューリップ、ヒヤシンスなど。
- 球茎：短くなった茎が肥大化して球状になったもの。サトイモ（→P18）、コンニャク、クロッカス、グラジオラスなど。
- 塊茎：短くなった茎が肥大化し塊状になったもの。ジャガイモ（→P19）、シクラメン、アネモネ、ベゴニア、カラーなど。
- 根茎：水平方向にのびた地下茎（→P93）が肥大化したもの。カンナ、レンコン（→P18）、ショウガなど。
- 塊根：根が肥大化したもの。サツマイモ（→P19）、ダリアなど。
- 担根体：根と茎の両方の性質をもつ器官。ヤマノイモ、ナガイモなど。

クロッカス
ダリア
ナガイモ

背の高い花ほど球根は地下深くなっている！

カラー　ダリア　グラジオラス　球根ベゴニア　コルチカム　アネモネ　ユリ　クロッカス　ヒヤシンス　ギガンチウム

資料提供：コメリドットコムHowTo情報「球根の基礎知識」

タマネギの土中のようす。

チューリップの球根と根。

PART 1 地面の下はどうなってるの？（植物編）

⑧草花の根の長さは？

土があれば、草花が育ちます。
地面の上のようすはわかりますが、
地下がどうなっているのかわかりません。
ここでは植物の
根っこのようすをみてみましょう。

タンポポ
タンポポは日あたりがよくかわいた土地で成長する。根は長いもので1mほどまでに達し、かわいた地中の水分を吸収するのに適している。

写真：中井寿一／アフロ

植物もエネルギーが必要

植物は自分で歩きまわって栄養をとることができないので、根をのばして養分や水分を吸収する。そのため、根が養分や水分を吸収するエネルギーが必要となる。エネルギーを生みだすためには、まず葉が光合成(→P92)をおこなってでんぷんをつくり、根に送る。根はでんぷんと土中からすいこんだ酸素を結合させてエネルギーに変える。植物は、どんどん根をのばして、自らを成長させていく。

キンセンカ
キンセンカの丈は10〜60cmほどだが、根はその倍以上の長さに成長する。
写真：Flowerphotos/アフロ

ツユクサ
道ばたや草地などでよくみかけるツユクサは繁殖力が強く、茎の節から根を出し、横にはうようにして増えていく。
写真：アフロ

ものしり雑学

五木寛之の『大河の一滴』

この本は、「『人はみな大河の一滴』。それは小さな一滴の水の粒にすぎないが、大きな水の流れをかたちづくる一滴であり、永遠の時間に向かって動いていくリズムの一部なのだ」という一節にもみられるように、人生を考えさせてくれる本です。その本に根っこのことも、書かれています。

　それは、三十センチ四方の木箱、深さ五十六センチぐらいでしょうか。そのなかに砂を入れて、一本のライ麦の苗を植え、そして水をやりながら数カ月育てるのです。すると、その限られた砂を入れた木箱のなかで四カ月のあいだに、ひょろひょろとしたライ麦の苗が育ってきます。これはもう当然のことながら色つやもそんなによくないし、実もたくさんはついていない。貧弱なライ麦の苗が育つ。そのあと箱を壊し、そのライ麦の根の部分にたくさんついている砂をきれいにふるい落とします。

　そして、その貧弱なライ麦の苗を数カ月生かし、それをささえるために、いったいどれほどの長さの根が三十センチ四方、深さ五十六センチの木箱の砂のなかに張りめぐらされていたか、ということを物理的に計測するのです。目に見える根の部分は全部ものさしで測って、足していきます。根の先には根毛とかいう目に見えないじつに細かなものがたくさん生えているのですが、そういうものは顕微鏡で細かく調べ、その長さもみんな調査して、それを足していく。

　その結果、一本の貧弱なライ麦の苗が数カ月命を育てていく、命をささえていくために、その三十センチ四方、深さ五十六センチという狭い箱の砂のなかにびっしり張りめぐらしていた根の長さの総延長数が出てくる。その数字を見て、ぼくはちょっと目を疑いました。誤植じゃないかと思ったぐらいなのです。

　なんと、その根の長さの総計、総延長数は一万一千二百キロメートルに達したというのです。一万一千二百キロメートル、これはシベリア鉄道の一・五倍ぐらいになります。

　一本の麦が数カ月、自分の命をかろうじてささえる。そのためびっしりと木箱の砂のなかに一万一千二百キロメートルの根を細かく張りめぐらし、そこから日々、水とかカリ分とか窒素とかリン酸その他の養分を休みなく努力して吸いあげながら、それによってようやく一本の貧弱なライ麦の苗がそこに命をながらえる。命をささえるというのは、じつにそのような大変な営みなのです。

　そうだとすれば、そこに育った、たいした実もついていない、色つやもそんなによくないであろう貧弱なライ麦の苗に対して、おまえ、実が少ないじゃないかとか、背丈が低いじゃないかとか、色つやもよくないじゃないかとか、非難したり悪口を言ったりする気にはなれません。よくがんばってそこまでのびてきたな、よくその命をささえてきたな、と、そのライ麦の根に対する賛嘆の言葉を述べるしかないような気がするのです。

（五木寛之『大河の一滴』幻冬舎文庫　113〜115ページより）

PART2
地面の下はどうなってるの？（動物編）

→P28　→P30　→P32　→P34

→P35　→P36　→P38

PART2 地面の下はどうなってるの？（動物編）

①地面の穴は？

地面にいろいろな穴があいています。引っこんでいるものや、盛りあがっているものもあります。大きさも、深さもかなりことなります。いったい何でしょうか？

Q 1～4の写真は、ア～エのどの生きものと関係しているでしょう。

- ア　スズメ
- イ　モグラ
- ウ　アリジゴク
- エ　ハンミョウ

1

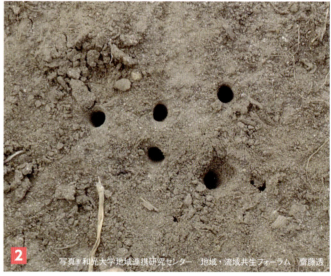
2

3

4

A

1-ウ アリジゴクの巣穴。アリジゴクは、トンボに似たウスバカゲロウという昆虫の幼虫のよび名。乾燥した土をすり鉢状に掘って底にひそみ、落ちてきたアリなどをとらえて食べる。

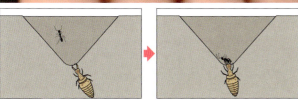

2-エ ハンミョウの幼虫の巣穴。ハンミョウの幼虫は穴の中にひそんで、通りかかる虫などを巣穴に引きずりこんでとらえる。下はトウキョウヒメハンミョウの成虫。

写真：和光大学地域連携研究センター　地域・流域共生フォーラム　齋藤透

3-イ モグラ塚。モグラは、地面の下にトンネルを掘り、ミミズや虫を捕食する。トンネルを掘って出た土は、前足でおして上方に向かうトンネルから地表にすてる（モグラはふつう地上には出ないので、トンネルの出入口ではない）。これが、「モグラ塚」となる。

4-ア スズメが砂あびをしたあと。スズメは、砂地などかわいた地面に体をうずめてふるわせ、砂あびをする。これは、羽についたごみや寄生虫を取りのぞくための行動だと考えられている。

PART2 地面の下はどうなってるの？（動物編）

②アリの巣の大きさは？深さは？

アリの巣が地下に広がっていて、深さもかなりあることはわかっていても、なかなかみることができません。研究者たちは、いろいろな方法で巣の形を調べようとしてきました。右の写真1、2は石膏をアリの巣に流しこんでから、かたまったものを掘りだしたものです。

©kuribayashi satoshi/Nature Production/amanaimages

■穴を掘って食糧をたくわえる！

上の写真のクロナガアリはアリ科の一種で、体長約5mm、黒色で光沢がある。北海道以外の日本と朝鮮半島、中国などに分布している。乾燥地の地中に4～5mに達するたて穴を掘り、秋に集めたイネ科植物の種子を巣にたくわえて食糧にすることから、「収穫アリ」とよばれている。

Photo by Charles F. Badland, courtesy of Walter R. Tschinkel.

アリの巣の例。基本的にはたてに長い軸があり、そこから水平に部屋ができる。

Photo by Charles F. Badland, courtesy of Walter R. Tschinkel.

石膏でかためた収穫アリの巣を掘りだしたもの。大人の背丈ほどの大きさがある。

こんなに大きなアリの巣があるの!?

巣の深さが4m以上になることも

©kuribayashi satoshi/Nature Production/amanaimages

クロナガアリの巣の断面。

PART2 地面の下はどうなってるの？（動物編）

③地下に巣をつくる虫たち

空を飛ぶハチのなかにも、地面の下に巣をつくるものがいます。また、セミが幼虫のときには長いあいだ土の中にいることは、よく知られています。

地下数十cmのところに！

クロスズメバチ
地中に巣をつくることから、ジバチともよばれる。働きバチの大きさは12mm前後。巣は球形で大きい。

セミが出てきた穴。

コハナバチのなかま

コハナバチのなかまには、土の中に巣をつくるものがいる。成虫は花のみつや花粉をまぜあわせてだんごをつくり、幼虫はそれを食べて成長する。

セミ

セミのなかまは、木の中（樹皮の裏）にたまごをうみ、ふ化（→P93）すると土にもぐる。幼虫は木の根の養分をすって何年もかけて脱皮（→P93）をくりかえしたのち、地上に出て木にのぼり、成虫になる。セミのぬけがらをみつけたとき、地面をみると、幼虫が地下から出てきた穴もみつかることがある。

PART 2　地面の下はどうなってるの？（動物編）

④ずっと土の中にいる虫

ケラ
ケラ（オケラ）は、ケラ科に分類される昆虫をまとめたよび名。地下にトンネルを掘って生活し、産卵なども地下でおこなうが、地上に出てくることもある。

♪ミミズだって　オケラだって♪は、
童謡『手のひらを太陽に』の歌詞です（→P42）。
ここに登場するミミズとケラ（オケラ）がいる地下は、
どのようになっているのでしょう。

ミミズ
ミミズは虫ではなく、「環形動物」といって、ヒルやゴカイのなかま。おもに地中で土を食べて生きている。夜や雨の日には地上に出てくることも多い。ミミズのふんは肥料になる。

©AUSCAPE／amanaimages

⑤地下にかくされたたまご

たまごはとてもこわれやすいもの。たまごを守るために、地面を掘って産卵する動物がいます。地中の熱を利用してたまごをふ化させる (→p93) 鳥もいます。

ウミガメ

ウミガメのなかまは、ふだんは海でくらしているが、産卵のときは陸地に上がってきて、砂浜を掘ってたまごをうむ。これは、カメはトカゲやヘビとおなじ「爬虫類」で、水中では呼吸することができないため。うまれた子ガメは、砂をかきわけて地上に出るとすぐに海をめざして歩いていく。

ツカツクリ

ツカツクリのなかまは、オーストラリアや南西太平洋の島じまに生息する、あまり飛ばない鳥。土をけりあげて穴を掘り、そこへかれ葉を盛りあげて砂をかけ、塚をつくる。内部のかれ葉が発酵して熱が発生したところへ穴を掘ってたまごをうみ、またうめなおす。塚は直径が6mほどになるものもある。

写真はクサムラツカツクリ。

トノサマバッタ

トノサマバッタは、産卵管とよばれる細長い管を土の中にさしこんで、地中にたまごをうむ。たまごは泡につつまれている。

PART2 地面の下はどうなってるの？（動物編）

⑥地下で冬眠する生物

「冬眠」とは、ほとんど動いたり食べたりせずに活動を停止した状態で冬を過ごすことです。カエルなどの両生類をはじめとする「変温動物」（→P93）に多くみられますが、ハリネズミやコウモリなどの哺乳類にもみられ、さらにリスやクマなど冬ごもりをするものもあります。

トノサマガエル
カエル（両生類）は、体温が気温の変化に影響されて上下する「変温動物」に分類される。気温・体温ともに下がる冬には活動できなくなるため、地中や落ち葉の下などにもぐって過ごす。

©ICHIZO NAKANISHI/SEBUN PHOTO/amanaimages

冬ごもりをしていた穴から出てきたところ

コウモリ
ヨーロッパの地下採掘場で冬眠するコウモリ。恒温動物（→P92）が冬眠するときは、体温が一定以下にならないように調節している。

クマ
クマは木のほらや岩のすきま、自身で土を掘ってつくった土穴などで冬ごもりをする。冬ごもり中、体温はわずかしか低下しない。

もっと知りたい

冬ごもり
リスやクマの冬眠は、冬ごもりともよばれる。クマは冬ごもり中、食事や排泄をしないといわれている。ただしメスは冬ごもり中に出産し、穴の中で子育てをする。

ものしり雑学

土壌生物

「土壌生物」とは、一生のすべて、あるいは一時期を土の中で生活している生物のことです。

土壌生物には、モグラやミミズ、昆虫、ダニなどのほか、小さなものでは微生物や菌類（16、17ページで見た植物の根と共生している菌根菌や根粒菌もふくまれる）、そして細菌類などがあげられる。土壌中に生活していなくても、土壌でえさをとる生物の種類はかなり多いといわれている。ここでは、代表的な土壌生物をみてみよう。

節足動物 ムカデ・ヤスデ

ムカデは暗くて湿気の高い環境を好む。

軟体動物 カタツムリ・ナメクジ

カタツムリは産卵を土の中でおこなう。

両生類 サンショウウオ

サンショウウオは、うまれたばかりのころは水中で生活し、成長すると森の落ち葉や岩の下、ほかの動物が掘った穴の中などに生息するものが多い。

爬虫類 ヘビ・トカゲ

トカゲの中には地中で産卵したり巣をつくったりするものがいる。

哺乳類 モグラ・ジネズミ・ネズミ

ネズミの中には、地下にトンネルを掘って生活するものも多い。

PART2 地面の下はどうなってるの？（動物編）

⑦小動物たちの地下

地下は、地上にくらべて温度差が少なく、外敵から身を守るのにも適しています。とくに身をかくすのがむずかしい草原などにすむ小動物は、地下をうまくつかって生活しています。

プレーリードッグ
北アメリカの草原にすむリスのなかまプレーリードッグは、むれで地中にトンネルをつくってくらす。地下にはたくさんの部屋があり、それぞれの部屋の役割が決まっている。また、巣穴の出入口には土を盛りあげてマウンドをつくり、まわりをみわたす見張り台にする。マウンドには高いものと低いものがあり、低いほうから高いほうへ、巣の中を風が通るようになっている。

マウンド（盛り土）の役割
- 見張り台とする。
- 巣穴に雨水が入るのを防ぐ。
- 巣穴の換気をする。

プレーリードッグの巣穴はこうなっている！

緊急避難・方向転換用

食糧貯蔵室

寝室

©Laurie O'Keefe/amanaimages

ものしり雑学

写真でみる
穴掘るかわいい動物たち

左ページのプレーリードッグが穴から背のびをしている姿は、なんともかわいくみえます。ほかの動物たちも、それぞれ命がけでくらしています。地面に掘った穴も、快適さをもとめてというより、命を守るため！　そうした動物の写真をみてみましょう。

ネズミ
ネズミの中には穴を掘るものも多い。穴を掘ってその中で子育てをするものもいる。

写真：広島市安佐動物公園
アナグマの巣穴。
写真：広島市安佐動物公園

アナグマ
名前のとおり、穴を掘ってくらす生きもの。日本の里山などにもくらしている。

ウサギ
ウサギも穴を掘ることがある。カイウサギの祖先はアナウサギといって、地下にトンネルを掘ってくらしている。

オオミズナギドリ
鳥の中にも、穴を掘るものがいる。オオミズナギドリは、日本周辺の島などにすみ、海でえさをとるが、森林の斜面に長い横穴を掘り、子育てをする。右は巣穴。

アルマジロ
南アメリカなどにすむ、よろいのような背中をもつ生きもの。穴を掘るのが得意で、敵におそわれたときに穴を掘って逃げたりする。

ものしり雑学

地下の温度

いろいろな昆虫や動物が生活する地下。
地下は生活するのに適した温度なのでしょうか。
そしてもっと深くの地中の温度はどうなっているのでしょう。

地表面の温度は1日および1年を周期として上下するが、これにともなって地下の温度も変化する。ただし、深くなるにつれて温度変化の幅は小さくなる。1日を周期とする温度変化は深さ50cmくらいでほとんどなくなり、1年を周期とする変化は深さ数メートルから十数メートルでなくなる。この深さの層を「恒温層」とよぶ。恒温層の深さは一般に低緯度で浅く、高緯度で深い。日本では、ほぼ10～14mの範囲にある。恒温層より深い場所では、地中温度は1年を通じて変わらないが、深度が深くなるほど、温度が上昇し、地表から約30kmまでの地殻内では、平均して100mにつき、約2～3℃温度が上昇する。

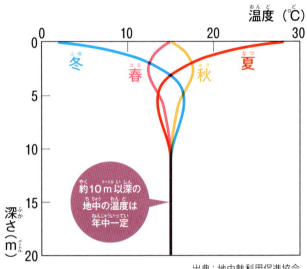

季節ごとの深さ20mまでの温度変化の例

約10m以深の地中の温度は年中一定

出典：地中熱利用促進協会

地球規模でみた温度

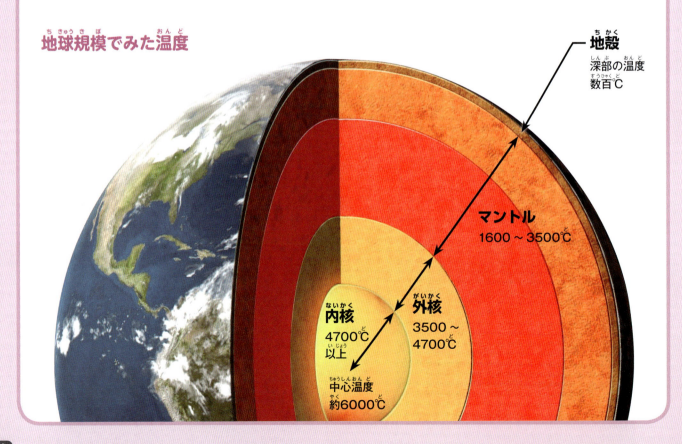

地殻 深部の温度 数百℃

マントル 1600～3500℃

外核 3500～4700℃

内核 4700℃以上

中心温度 約6000℃

PART3
地面と人間、過去・現在・未来

→P42　→P44　→P45　→P46

→P48　→P50　→P52　→P54

→P56　→P58　→P60　→P62

→P66　→P68　→P70

PART3　地面と人間、過去・現在・未来

①地球上の生物が利用する地下

♪ぼくらはみんな　生きている　（中略）
ミミズだって　オケラだって　アメンボだって　みんなみんな
生きているんだ　友だちなんだ♪

上は『手のひらを太陽に』（作詞：やなせたかし、作曲：いずみたく）という歌の一部です。
地球上にくらす生物の多くが地下を利用しています。
地下についても、この歌詞のように、みんななかよく
利用しなければならないのでしょう。

Q ア・イ・ウのイラストの中で、人が掘った穴をあらわしているのは、どれでしょう。

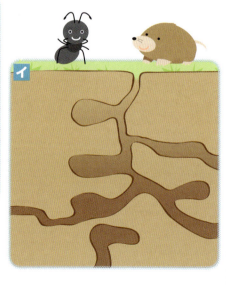

A 答えは、下のイラストのとおりで **ウ** が正解。

人類がつくった地下都市

イラスト：松島浩一郎

ア モグラのトンネル

イ アリの巣

よく似てる！

モグラが地中に掘ったトンネルが、地表に盛りあがってみえている。

©Kuribayashi Satoshi/Nature Production/amanaimages

アリの巣の断面。

PART3 地面と人間、過去・現在・未来

②アリ→モグラ→カッパ？

42ページでは、アリもモグラも、そしてカッパも、おなじように掘られた穴のようすをみました。「カッパ」とは、「カッパドキア」の大昔の人たちをもじったものです。

▰ カッパドキアの地下都市とは？

トルコの中央部にあるカッパドキアは、古代の噴火によって堆積した火山灰や岩が、長い歳月をかけ浸食されてうまれた奇岩群がひしめきあう高原地帯のこと。この地方では、2400年以上前から人びとはやわらかい岩山を掘りぬいて、穴の中にくらしていたといわれる。4世紀ごろには、ローマ帝国の迫害を逃れたキリスト教徒たちが移りすむようになり、岩山に掘るところがなくなると地下を掘りすすみ、8世紀ごろには、地下のかくれ家がどんどん拡大され、地下都市がつくられていった。カッパドキアでは、250あまりもの地下都市が発見されている。

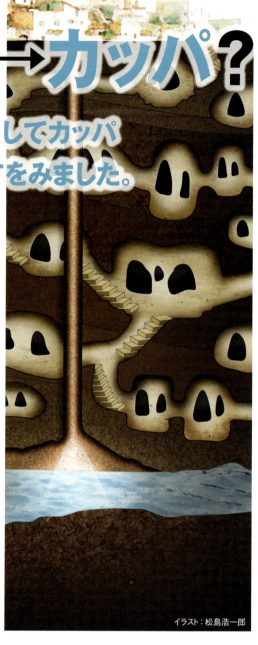

イラスト：松島浩一郎

ここは地下数十mのところ！

「カイマクル地下都市」は、地下8階、深さ65mにおよぶ。家畜部屋、ワイン製造所や食堂、穀物貯蔵室、学校、教会などさまざまな機能をそなえた部屋があったといわれる。敵に侵入されても逃げやすくするため、通路はせまく、迷路のようになっている。

③トルコの地下宮殿

地下に水がたまっている！

人類は、地下に貯水池をつくっていました。上の写真の施設は、6世紀ごろに現在のトルコにつくられました。

■ まちの地下にある貯水槽

トルコのイスタンブールの旧市街の地下にある「イェレバタン貯水池」は、6世紀ごろにつくられた地下貯水槽のこと。長さ140m、幅70m、高さ9m。10万トンの水をたくわえることができる。巨大空間の天井をささえているのは、336本の大理石の円柱。その立派な装飾から「地下宮殿」ともよばれる。

もっと知りたい

埋葬のための地下利用

イタリアのローマにある「カタコンベ」は、キリスト教徒のお墓として、2世紀ごろから5世紀はじめにかけてつくられたほら穴や地下の洞窟のこと。古代ローマ時代、墓をローマ市内につくることが禁じられていたので、城壁を出たばかりのところに地下トンネルを掘り、通路の両わきにたくさんの穴をあけ、遺体を収容したのがはじまり。遺体が増えると、地下通路は地下2階、3階というようにどんどん掘りすすめられ迷路のように広がっていった。現在ローマには、このようなカタコンベが、大小あわせて約60か所ある。

ローマにあるサン・パンクラツィオ教会のカタコンベ。

PART 3 地面と人間、過去・現在・未来

古代ローマの下水道は地下！

④地下と水

イタリアのローマにあるクロアカ・マキシマ。クロアカ・マキシマを通って、下水が川に流されていた。

写真：アフロ

長い歴史の中で、人類は、地下をどのように利用してきたのでしょう。じつは、人類の地下利用と水は古くからかかわりがありました。カッパドキアの地下都市（→P44）でもそうでしたが、それより古くは、古代ローマの下水システムにも、すでに地下がつかわれていました。

ローマの下水道「クロアカ・マキシマ」

「クロアカ・マキシマ」は、ローマ帝国時代につくられた地下を利用した下水道。紀元前600年ごろに建設されたといわれている。

右はローマ帝国時代のローマ中心部の地図。赤線が「クロアカ・マキシマ」だ。当初は地面に掘ったみぞだったが、建物が建設されるにつれ、みぞにふたをされて暗渠（→P49）となっていった。ただし、下流部分は最初から地下に建設された可能性が高いともいわれている。

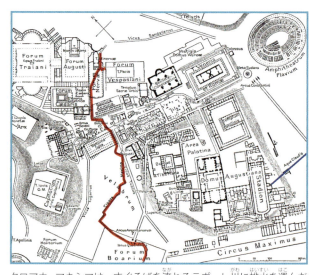

クロアカ・マキシマは、すぐそばを流れるテヴェレ川に排水を運んだ。

ものしり雑学

人類の地下利用法を分類すると

左ページのローマの下水道は一部が現在もつかわれています。人類は、紀元前の昔から現在にいたるまで、さまざまな目的で地下を利用してきました。ここでは、そのようすを整理してみましょう。

地下の利用法

外敵から身を守るのは、動物も人間もおなじ。44ページにあるカッパドキアの地下都市は、古くはキリスト教徒が身を守るためにかくれてすんだ場所だった。じつは、近代になっても、戦争の際、爆撃にそなえて、世界中の国ぐにで軍事施設が地下につくられている。最近では、偵察衛星（→P93）に発見されにくくするために地下が利用されている。

画像：株式会社アースシフト

地震や津波の際に緊急避難する目的でつくられている、家庭用の地下シェルター。

現在の地下の利用法は、おおよそ次のとおり。

- 業務施設：地下街（→P62）、地下駐車場など
- 道路施設：道路（→P65、66）など
- 鉄道施設：鉄道、地下鉄（駅をふくむ→P60）など
- 河川施設：地下河川、地下調整池など
- 供給処理・通信施設：電力施設（→P52）、通信施設、共同溝（→P55）、上下水道（→P48）など
- 生産・貯蔵施設：地下発電所、地下変電所、エネルギー貯蔵（→P58）、食糧貯蔵など
- 地下貯蔵施設：地下ダムなど
- 防災施設：地下河川、調圧水槽（→P50）など
- 廃棄物処理施設：放射性廃棄物最終処分場（→P71）など
- 鉱山、坑道（→P86）
- 研究施設：加速器、スーパーカミオカンデ（→P70）など

第二次世界大戦中につくられた赤山地下壕（千葉県館山市）。館山海軍航空隊が空襲から逃れるために使用していた。

PART3 地面と人間、過去・現在・未来

⑤日本の下水道の歴史

世界では大昔から地下を下水道に利用していましたが、日本には、安土桃山時代につくられた「太閤下水」があります。これは明治時代になってから、みぞの上を道路が横切るため、石のふたが取りつけられて、地下になりました。また1884（明治17）年につくられた「神田下水」は、現在も一部がつかわれています。

写真：大阪市建設局下水道河川部

太閤下水
1583年、豊臣秀吉が大坂城の築城を開始したのにともない、城下町から排出される下水を流すためにつくった下水溝。当時は天井にふたはなく、みぞのままつかわれていたが、明治時代に、みぞの上に道路を通すための石のふたが取りつけられた。

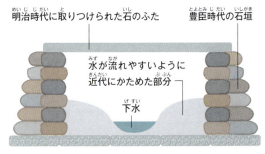

明治時代に取りつけられた石のふた　豊臣時代の石垣
水が流れやすいように近代にかためた部分
下水

神田下水
明治時代につくられ、現在でも一部がつかわれている下水道。当時、東京では大雨による浸水や、低地にたまった汚水などが原因でコレラが流行し、下水道の建設が強くもとめられていた。現在つかわれている下水道管は鉄筋コンクリート製やプラスチック製がほとんどだが、神田下水はレンガづくりになっている。

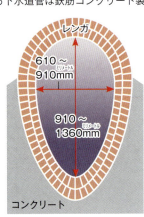

レンガ
610〜910mm
910〜1360mm
コンクリート

写真：東京都下水道局

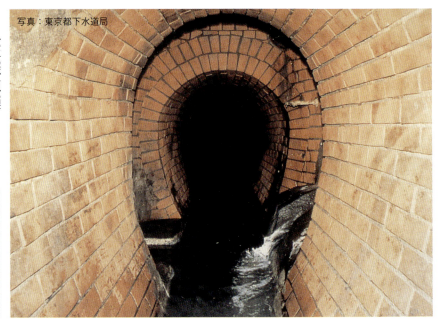

ものしり雑学

暗渠って何？

暗渠の「渠」は、訓読みすると「みぞ」です。川や下水道にふたをかぶせるなどして、外からみえなくなっている水路を暗渠といいます。童謡「春の小川」でうたわれた川も、現在は暗渠と化し、みることができません。

神田川から分かれる暗渠「お茶の水分水路」の入口。水路の上は道になっている。

川のなごりが目にみえる

橋のらんかん（上）、水門（下）などは、もともとが川だったなごり。

もっと知りたい

童謡「春の小川」のモデルも地下に

「春の小川」に登場する川は、東京の渋谷区代々木を流れる河骨川がモデルだといわれている。代々木あたりは、いまではすっかり住宅街になっていて、河骨川をみることができない。1964（昭和39）年に開かれた東京オリンピックの工事でふたがかぶせられ、地下を流れる排水路になってしまったからだ。代々木公園のそばに建てられている歌碑の横には、河骨川がかつてそこに流れていたことを伝える説明板がある。

「車止め」がある

暗渠は川にふたをした状態なので、重量のある車両が乗りいれないように、車止めがしてあることが多い。

PART3 地面と人間、過去・現在・未来

⑥日本が世界にほこる地下宮殿

トルコでは6世紀にみごとな地下宮殿がつくられました。現代は、日本に世界最大級の「地下宮殿」があります。それは、豪雨のときに、中小河川の水を取りこみ、江戸川へ流すために必要な「調圧水槽」です。それとつながるトンネルや立坑もつくられ、都市を洪水から守っているのです。

18m

調圧水槽
深さ 22m

地下トンネルから流れてきた水のいきおいを弱め、排水機にスムーズに流すための巨大プール。ほぼ東京ドームのグラウンドと同じ広さ（約1万3000m²）×高さ18m。59本の柱（1本の重さ500トン！）で天井をささえている。

国土交通省首都圏外郭放水路の調圧水槽。

首都圏外郭放水路（→P93）**の構造**

地下トンネル
深さ約 50m

内径約10mのトンネルが、地下鉄よりもさらに深いところを走っている。

約10m

写真・資料提供：国土交通省江戸川河川事務所

ものしり雑学
地下へのとびら・マンホール

マンホールから見上げる東京都庁。 写真：白汚零

現代の日本では、地下への入口のひとつとしてマンホールがあります。これは、地下にあるさまざまな配管や設備を点検するためのものです。ここでは、マンホールについてまとめてみましょう。

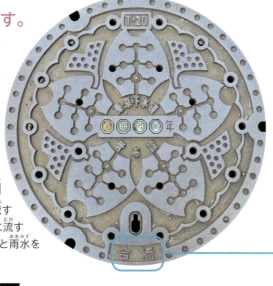

下水道管用
下水道管には家庭などから出る生活排水を流すための「汚水管」と、ふった雨を集めて川に流すための「雨水管」がある。「合流式」は汚水と雨水をいっしょに流すための管のこと。

マンホールの内部
地上のマンホール / マンホールのふた / マンホールの地下部分 / ステップ

水道管用
水道に水を送るための管がある。

ガス配管用
ガスを送るための管がある。

電気・通信線用
電気ケーブルや通信ケーブルなどを通すための管がある。

消火栓・貯水槽用
消火活動に必要な水を供給するための地下式消火栓や地下貯水槽がある。

資料提供：次世代高品位グラウンドマンホール推進協会

PART3 地面と人間、過去・現在・未来

⑦都市の地下には何がある？

歩道の下、車道の下を浅すぎず、深すぎずに通す

- 15cm 通信・電気
- 舗装厚 20cm
- 35cm 通信
- 50cm 水道・下水・ガス
- 舗装厚 50cm
- 60cm 電気
- 60cm以上 水道

←歩道 / 車道→

道路のたいせつな役割

道路は、自動車や自転車、歩行者が通行するために必要なもの。

でも、それ以外にも、水道管やガス管などを通す空間として重要な役割をはたしている。それらを道路の下にうめることで、建物などにじゃまされることなく生活基盤となる水やガス、電気などを各家庭にとどけることができる。

水道管の取りかえ工事のようす。　写真：宮内建設株式会社

世界中どこのまちにも、道路が縦横無尽に走っています。そして道路の地下には、水道、ガス、電気などの管が走っています。とくに日本のような国の都市にある道路の地下は、とてもにぎやかです。

管をうめる深さ

水道管やガス管、電気ケーブルや通信ケーブルなどを道路の下にうめるときには、深さに基準がある。あまり浅いところに設置すると自動車や人の行き来などの重さで設備がこわれる危険性が高まり、深いところだと設置工事や維持、管理がたいへんになるからだ。近年、施行技術の発達により、これまでの基準より浅くうめることが可能になり、設置基準がゆるやかになった。それによって工事費用を減らす効果もうまれた。

ガス管がうまっていることを示すシール（矢印の向きはガスが流れている方向）。

舗装厚 20cm
舗装厚 50cm
15cm 電気 通信
50cm ガス 下水 水道
60cm以上 ガス
1m以上 下水
←車道　歩道→

ガス管工事のようす。

下水道管はより深いところにうめられている。

写真：宮内建設株式会社

PART3 地面と人間、過去・現在・未来

⑧電柱の深さは？

この本は、「木の根っこの深さは？」（→P10）
から入りました。まちを歩いていて、
自然のものばかりでなく、
人工物についても、その地下が
どうなっているか気になりませんか。
電柱の深さは？
電柱がないところは、電気を
どうやって送っているのでしょうか。

高さが
わかれば
深さも
わかる

「全長の6分の1以上とする」

日本では、電柱を建てるときには、地中にうめる深さを「全長の6分の1以上とする」と法令で定められている*。たとえば全長12mの電柱だとすると、地中の深さは、2m。じつは、電柱がどれだけの深さまでうまっているのかは、だれでも知ることができる。電柱を見上げると、直径5cmほどの白くて丸いものがついている。これは「柱種標」というもので、電柱の全長がそこに書かれているのだ。その数字を6でわれば、地中にうまっている深さがわかる。

地上 10m

電柱の取りかえ工事のようす。茶色いものは土なので、かなり深く掘っていることがわかる。

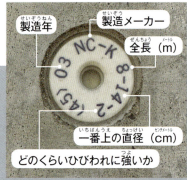

柱種標はいろいろな種類がある。

地下 2m

*全長が15m以下の場合。全長が16m以上の場合は2.5m以上の深さが必要とされる。

電線を地下にうめると……

地上と地下どっちがいいかな？

電線を地中にうめる前。
写真：東京都建設局

電線を地中にうめたあと。
写真：東京都建設局

写真：東京電力パワーグリッド株式会社

地下にある送電線。

電線の地中化

近年、主要な国道や都道といった幹線道路で電線を地中に収容して送電する「無電柱化」が進められている。「景観がよくなる」「安全で快適な歩行空間ができる」「地下は暴風雨や雪などの自然現象の影響を受けず、安全で確実に電気を送ることができる」などの利点があるが、反面、建設費が高くなるという難点もある。それでも、都市や市街地などでは、道路の下に電線がうめられている。

もっと知りたい

共同溝

下水道管や水道管、電気・通信ケーブルなどを道路の下にまとめて収容する設備を共同溝という。ライフライン（→P93）をまとめることで、維持管理がかんたんにおこなえるようになる。道路を掘りかえして工事することもなくなるわけだ。

日比谷共同溝。

PART3 地面と人間、過去・現在・未来

⑨建物の基礎の深さは？

街路樹の根や電柱がどのくらいの深さにあるのかを気にすると、では、ふつうの家は？　ビルは？　東京スカイツリーは？　などと知りたくなりませんか。ここでは、日本の建築物のいくつかを例にしてみてみます。

建物の基礎

建物の基礎（→P92）にも規定があり、地盤の強さによっていろいろな基準が定められている。一般的には、地盤のかたさに応じて2種類の基礎がある。建物をささえることのできるかたい地盤が地表近くにある場合は「直接基礎」が用いられる。地中深くにかたい地盤がある場合は「杭基礎」を用いて、その地盤まで杭を打つという補強工事が必要になる。

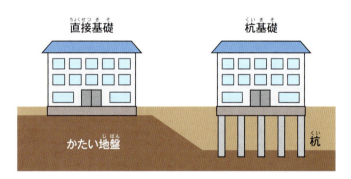

直接基礎を用いた住宅の建設現場。

杭打ち機を用いて、建物の基礎となる杭を打つ。

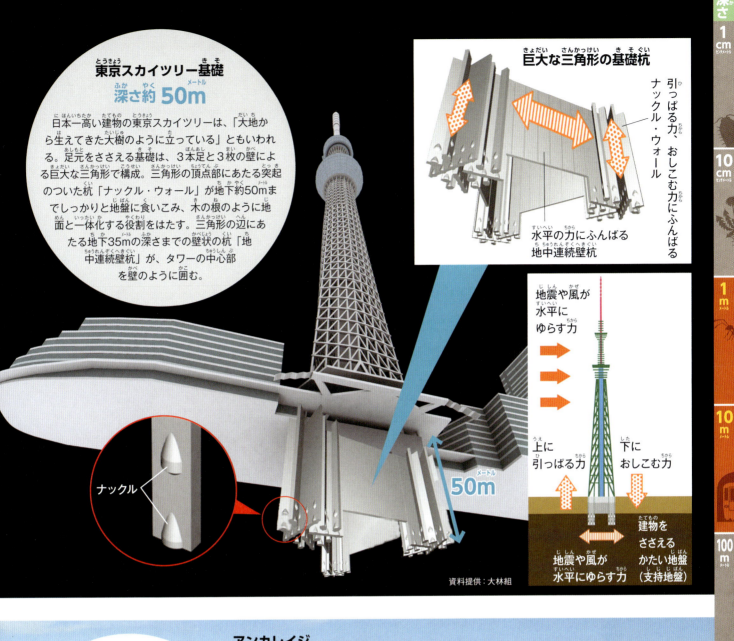

東京スカイツリー基礎
深さ約 50m

日本一高い建物の東京スカイツリーは、「大地から生えてきた大樹のように立っている」ともいわれる。足元をささえる基礎は、3本足と3枚の壁による巨大な三角形で構成。三角形の頂点部にあたる突起のついた杭「ナックル・ウォール」が地下約50mまでしっかりと地盤に食いこみ、木の根のように地面と一体化する役割をはたす。三角形の辺にあたる地下35mの深さまでの壁状の杭「地中連続壁杭」が、タワーの中心部を壁のように囲む。

巨大な三角形の基礎杭

引っぱる力、おしこむ力にふんばる ナックル・ウォール

水平の力にふんばる 地中連続壁杭

地震や風が水平にゆらす力

上に引っぱる力　下におしこむ力

建物をささえるかたい地盤（支持地盤）

地震や風が水平にゆらす力

資料提供：大林組

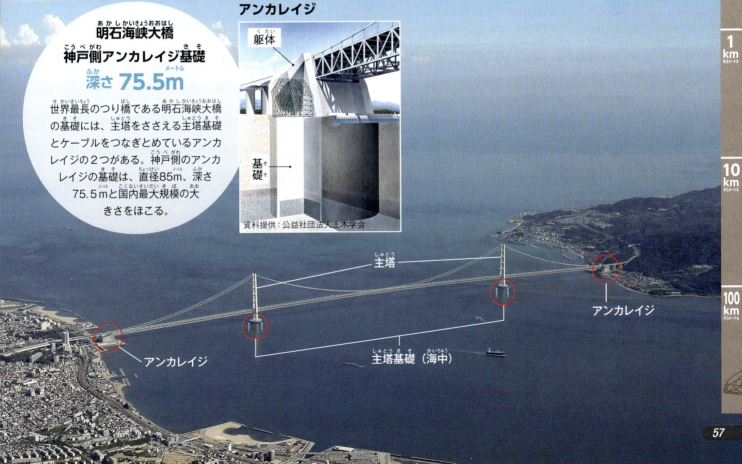

明石海峡大橋 神戸側アンカレイジ基礎
深さ 75.5m

世界最長のつり橋である明石海峡大橋の基礎には、主塔をささえる主塔基礎とケーブルをつなぎとめているアンカレイジの2つがある。神戸側のアンカレイジの基礎は、直径85m、深さ75.5mと国内最大規模の大きさをほこる。

アンカレイジ
躯体
基礎

資料提供：公益社団法人土木学会

主塔
アンカレイジ
主塔基礎（海中）

PART 3 地面と人間、過去・現在・未来

⑩地下からみた青空！

この写真は、地下61.7mから天をあおいでいるところです。この地下構造物は、じつは世界一の容量をほこる日本のガスタンクなのです。

■ 世界最大の覆土式タンク

かつて日本では、天然ガスを、地上に建てた円柱形や球形のタンクに貯蔵していた。近年、地上より地下のほうが安全性が高いことや、敷地を有効に活用できること、さらに景観をさまたげないという理由から、地下に建設するようになってきた。これが「覆土式タンク」だ。神奈川県横浜市には、内径72m、深さ61.7mの巨大なものがつくられた。

空からは、タンクがまったくみえない。　写真：東京ガス

東京ガス扇島LNGタンク
深さ 61.7m

神奈川県横浜ベイエリアにある内径72m、深さ61.7mの巨大LNG地下タンク（→P92）。掘りだした土の量は合計29万6000m³におよぶ。

写真：清水建設・古明池賢一

もっと知りたい
ガソリンスタンドの地下

ガソリンスタンドの地下には、ガソリンや軽油の入った地下タンクがうめられている。タンクはコンクリート基礎の上にすえつけられ、バンドで固定されている。それぞれのタンクに通気管という、空気を吸排気する管がついていて、通気管は壁ぎわなどに4mくらいつきだしている。その数で、タンクが何基うめられているかがわかる。

資料提供：富永製作所

PART3 地面と人間、過去・現在・未来

⑪どんどん深くなる地下鉄

現代では、多くの国で地下鉄がつくられています。
世界初のものは、1863年のイギリスのロンドン地下鉄です。
日本もはやいほうで、1927年の東京がはじめてでした。
日本の地下鉄の技術は、世界トップクラス！

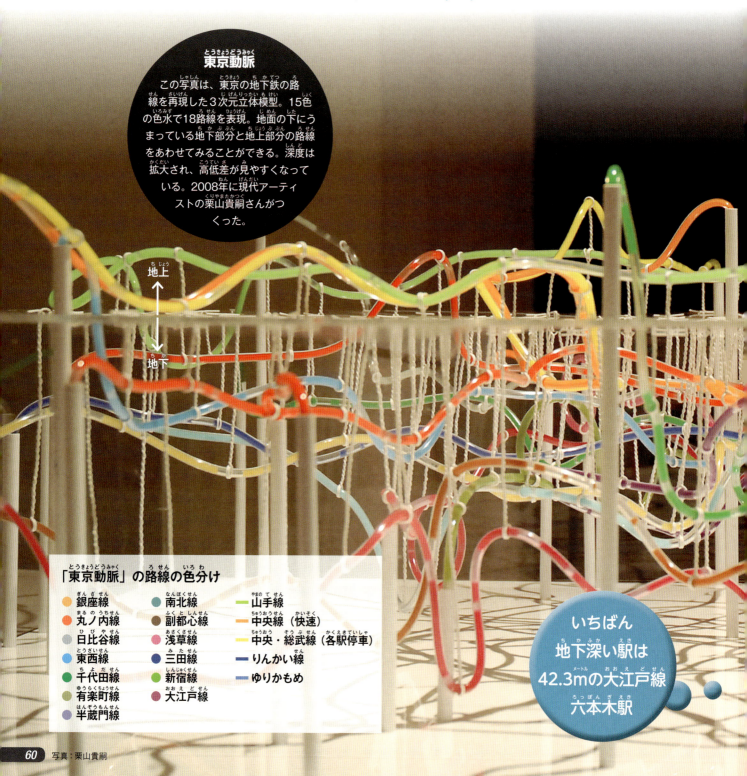

東京動脈
この写真は、東京の地下鉄の路線を再現した3次元立体模型。15色の色水で18路線を表現。地面の下にうまっている地下部分と地上部分の路線をあわせてみることができる。深度は拡大され、高低差が見やすくなっている。2008年に現代アーティストの栗山貴嗣さんがつくった。

↑地上／↓地下

「東京動脈」の路線の色分け
- 銀座線
- 丸ノ内線
- 日比谷線
- 東西線
- 千代田線
- 有楽町線
- 半蔵門線
- 南北線
- 副都心線
- 浅草線
- 三田線
- 新宿線
- 大江戸線
- 山手線
- 中央線（快速）
- 中央・総武線（各駅停車）
- りんかい線
- ゆりかもめ

いちばん地下深い駅は42.3mの大江戸線六本木駅

写真：栗山貴嗣

地下鉄の線路は平ら？

地下鉄の線路は平らに続いているようにみえるが、勾配をつけてわざと坂をつくっているところがある。駅のプラットホームの前後だ。駅から発車後に下り坂になるようにトンネルを掘り、駅の手前で上り坂になるようにトンネルを掘る。そうすることで、駅を出発する際には下り坂で加速しやすくし、電車が到着する際には上り坂で自然に減速できるため、電気代が節約できるというくふうだ。

ただし、すべての駅の前後で線路が上り坂や下り坂になっているということではない。

地下鉄の線路をよくみると、坂道になっている。

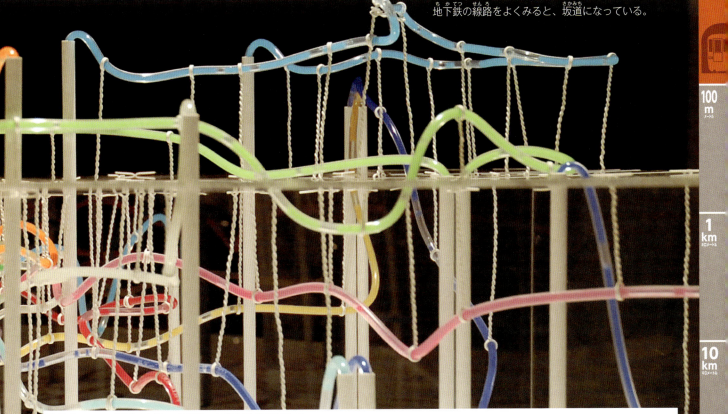

東京メトロ副都心線の池袋～渋谷間縦断面図

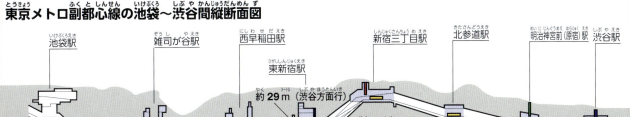

池袋駅 深さ約25m／雑司が谷駅 約34m／西早稲田駅 約30m／東新宿駅 約35m（池袋方面行）／約29m（渋谷方面行）／新宿三丁目駅 約15m／北参道駅 約17m／明治神宮前（原宿）駅 約28m／渋谷駅 約29m

※深さは地表からレールの高いところまでをはかった数字。

PART3 地面と人間、過去・現在・未来

⑫現代日本の巨大地下都市

右上は、トルコ・カッパドキア（→P44）の地下都市の地上のようす。最大級の地下都市は400万m²以上で、そこには教会やワイン収蔵施設などがあり、換気口や水路などの設備もありました。

> 現代の世界一の地下都市（地下街）といえば、カナダ・トロントにあるPATHだが、日本の地下街もまけてはいない！

日本一広い地下街は？

日本初の地下街は、1930（昭和5）年、東京地下鉄道（現在の東京メトロ銀座線）の上野駅に登場した「地下鉄ストア」だ。以来、土地がせまく、土地の値段が高い日本の都市では、地下空間の有効利用が進められてきた。単独の地下街として日本最大の「クリスタ長堀」（大阪市）は、長堀通りの地下にあり総面積約8万2000m²をほこる。

クリスタ長堀。地下4層構造で、地下1階は商業施設、地下2～4階は駐車場と地下鉄などに活用されている。　写真：クリスタ長堀

地下とは思えない
別名
「梅田地下帝国」

梅田地下街（大阪府大阪市）にある開放的なふきぬけ部分。天井が高く、開口部から外の光を取りいれているので、地下なのに明るい。

ターミナル駅（→P93）の複数地下街日本一は新宿駅！

新宿駅（東京都新宿区）の周囲には多くの地下街があり、その総面積は日本一をほこる。写真はそのひとつである「小田急エース」。

東京のターミナル駅の建物、天井、壁を取りはらってえがいた断面透視図の地図。こうした地図が必要になるのも、首都・東京ならでは。地上だけでなく、地下のようすもわかるようにしている。

『迷わず歩ける 首都東京・ターミナル駅断面透視図』（PHP研究所）
黒澤達矢画／ジェオ編著（品切・重版未定）

ものしり雑学

「大深度地下使用法」って何？

「大深度地下使用法」とは、深い地下の利用について定めた日本の法律のことです。この法律により、通常利用されていない大深度地下空間について、道路や鉄道を地下深いところに通すなど、公共のための事業に使用することが可能になりました。

「大深度地下使用法」とは、法律の定義によれば、**1**地下室の建設のための利用が通常おこなわれない深さ（地下40m以深）、**2**建築物の基礎（→P92）の設置のための利用が通常おこなわれない深さ（支持地盤上面から10m以深）のうち、いずれか深いほうの空間とされている。このくらいの深さであれば、土地所有者の権利をそこなわないという考え方だが、日本全国の地下が対象というわけではなく、三大都市圏*の一部に限定されている。

大深度地下を利用することで、上下水道、電気、ガス、通信など生活に密着したライフライン（→P93）や、地下鉄など公共性の高い事業の効率化や経費削減がはかれるとされる。また、地表や浅い地下にくらべ、地震に対して安全であるとか、騒音・振動の減少や環境保護にも役立つといわれる。ただし、深度の深いところでの作業は、地下水などの安全対策に細心の注意をはらう必要があるともいわれる。

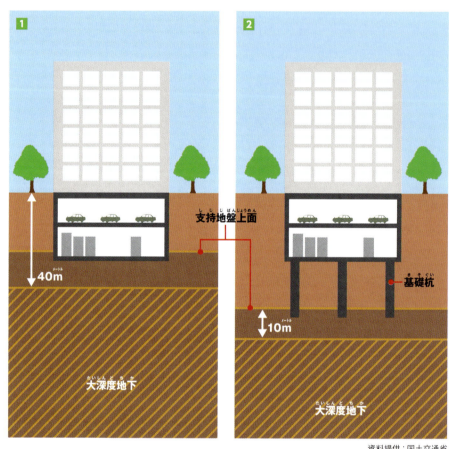

資料提供：国土交通省

もっと知りたい

大深度地下使用法

正式名称を「大深度地下の公共的使用に関する特別措置法」という。この法律ができる以前には、民法という基本的な法律によって、地下が地上の土地のもち主のものと考えられていた。地下にトンネルを通そうとするには、地上の土地のもち主の許可が必要となり、なかなか開発が進まなかった。大深度地下使用法ができたことで、ライフラインや地下鉄など公共性の高い事業がスムーズにおこなえるようになった。

＊日本の三大都市の都市圏である首都圏・中京圏・近畿圏の総称。

大深度地下使用法の適用事例

●東京外かく環状道路（関越道～東名高速間）

トンネル掘削用のシールドマシン（→P92）のカッターヘッド（外径16.1m・写真内緑の丸いもの）の組み立てのようす。

立坑の深さはおよそ70mで、65mほどの深さにシールドマシンが設置されている。　写真：東京外環プロジェクト（2点とも）

東京外かく環状道路は、都心から約15kmの圏域を環状に接続する延長約85kmの道路。関越道から東名高速までの約16kmは大深度地下使用法を適用した初めての道路事業だ。本線トンネルは地下40m以深での工事となり、地下深くの土圧・水圧の中、高度な技術を要すると予想される。

●リニア中央新幹線（東京都～名古屋市間）

リニア（→P93）中央新幹線は、品川から名古屋を経由し大阪までの約438kmを、最高時速505kmの超電導リニアによってむすぶ計画。大深度地下使用法の適用を受けているのは2027年に営業開始予定の東京都～名古屋間。大深度区間（右の地図の赤い区間）をふくめて、全体の約86％にあたる246kmはトンネル。こちらも難工事が予想されている。

都市部では大深度40mより深い地下を走る。

2003年、当時の世界最高速度（時速581km）を記録したリニアモーターカー。

PART 3 地面と人間、過去・現在・未来

神奈川県
川崎人工島
海底トンネル
東京湾
海ほたるパーキングエリア
海上の橋（千葉県へ）

東京湾アクアライン
深さ 43.5m

海底トンネル、人工島、海上の橋からなる自動車専用道路。全長約15kmのうち、3分の2にあたる約9.5kmが海底トンネルとなっている。

⑬ 海の地下

海の底にも土壌（→P11）があり、その下には地殻があります。人類は長い歴史のなか、陸地の地下をさまざまに利用してきました。現代は海の地下も利用しています。

水底トンネル

海の底だけでなく、川や湖など水のある場所の地下を通るトンネルをまとめて「水底トンネル」とよぶ。その歴史は、紀元前までさかのぼるとされている。紀元前から、現在のイラクの首都バグダッドの南方を流れるユーフラテス川をくぐる水底トンネルがつくられた。

このトンネルは、水底トンネルとしてだけでなく、トンネル自体としても記録に残る最古のものであるとされているが、その跡は発見されていない。近代に入ると、イギリス・ロンドンのテムズ川に1843年、テムズトンネルが完成したのを皮切りに、イギリスでは水底トンネルがいくつも掘られた。日本では、本州と九州をむすぶ関門鉄道トンネルの下り線が1942年に、上り線は1944年に開通。1988年には、本州と北海道をむすぶ青函トンネルが開通。その後、日本のトンネル技術は世界のトップ水準となった。1997年12月、東京湾をくぐり神奈川県と千葉県をむすぶ東京湾アクアラインが完成。2013年10月には、アジアとヨーロッパをむすぶボスポラス海峡海底鉄道トンネル（トルコ）が、日本の大成建設によって完成した。

開通当時のテムズトンネルのようすをえがいた絵。

ボスポラス海峡 海底鉄道トンネル
深さ 60m

地上でつくったコンクリート製のトンネルを海底にしずめて接続する方法でつくったトンネルとしては、世界最深の海面下60mに建設された。

ボスポラス海峡海底鉄道トンネルのルート（右）と深さ（下）

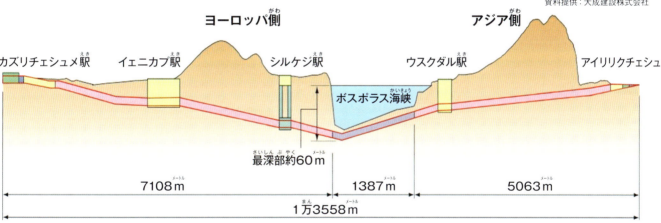

資料提供：大成建設株式会社

もっと知りたい

歩いて渡れる水底トンネル

現在、世界の水底トンネルには、鉄道や自動車道路が多くなっているが、建設された当初のテムズトンネルのように歩いて渡れるところもある。右の写真は、現在日本にある、歩いて渡れる水底トンネルの内部のようす。

関門トンネル人道（山口県・福岡県）。

安治川隧道（大阪府）。

PART 3 地面と人間、過去・現在・未来

⑭「ジオフロント」とは？

近年、世界の多くの国で、地下が注目されてきました。日本では「ジオフロント」という「地下の（geo）」と「開拓線（front）」をあわせた造語までできています。「地下に関する都市計画」という意味でもつかわれます。

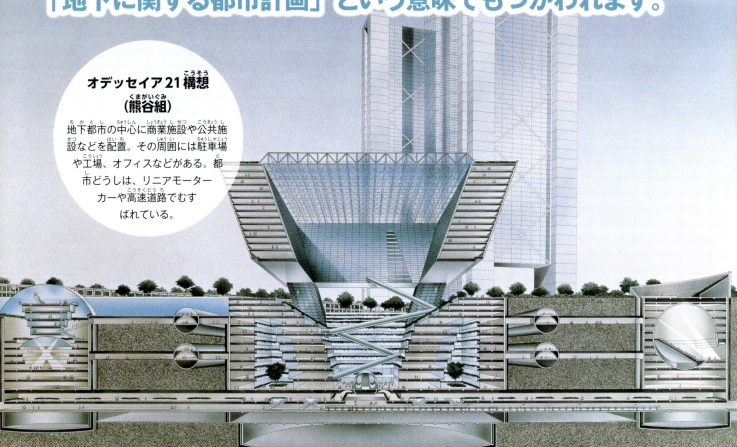

オデッセイア21構想（熊谷組）
地下都市の中心に商業施設や公共施設などを配置。その周囲には駐車場や工場、オフィスなどがある。都市どうしは、リニアモーターカーや高速道路でむすばれている。

資料提供：株式会社熊谷組

■ ジオフロント

　大都市では、地上はすでに建造物が過密状態。1990年代には、地下空間を有効的に利用する「ジオフロント」が注目された。このときに発表されたさまざまな構想をみると、ジオフロントは、まるでSFの世界！ジオフロントでは、台風や大雨、大雪、熱波や寒波といった気象条件の影響がない。地震も、地上にくらべて安全性が高いという。しかし、ジオフロントの実現には、汚水やごみをどうするか、内部で生じた熱をどうするかなど、課題は山積みだ。実際、1990年代のジオフロント構想は、実行にはいたらなかった。それでも、日本では大深度地下使用法（→P64）ができ、より現実的な地下利用に向けて技術開発などを積極的に進めている。

アリスシティ ネットワーク構想 （大成建設）

地下都市をむすぶ鉄道は地下50ｍ以深を走る。その上に地下空間を利用した駅ビルがある。研究開発は現在終了している。

ジオ・シナップス構想 （日本シビックコンサルタント）

上下水道や電力、ガス、通信、物流設備などを、ビルや道路のある地表をさけて、地中深くのトンネルに設置し、全体をネットワークでむすぶアイデア。この計画では、ごみ輸送や郵便輸送列車なども考えられている。

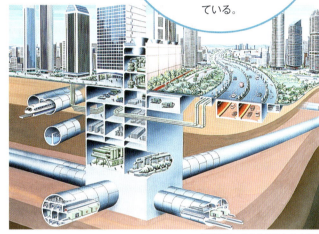

資料提供：大成建設株式会社　　　　　　　　　　　　資料提供：公益社団法人土木学会

もっと知りたい

『新世紀エヴァンゲリオン』

1990年代を代表するテレビアニメの『新世紀エヴァンゲリオン』では、「第3新東京市」が2015年、神奈川県の芦ノ湖北岸に推定50兆円の建設費用をかけて完成するとある。右は、このジオフロントのイメージ図。ジオフロントが完成する予定よりも現実の年代のほうが先をいってしまったが、SFでなく実現するのは、はたしてどのくらいの遅れですむのだろうか。

このジオフロントは、直径13.75kmの球体の一部。中央にNERV本部があり、特殊装甲板で守られている。地上との行き来は、カートレインやモノレールを使用。

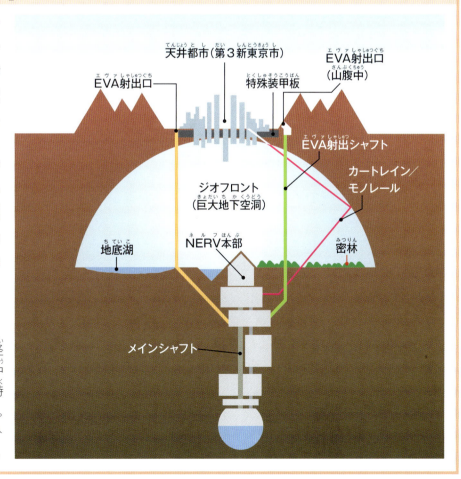

PART 3 地面と人間、過去・現在・未来

⑮ 地下深くにある世界の科学施設

68〜69ページにあるように、現在は、SFと現実の世界とにはいまだ開きがあります。しかし、地中深くにはすでにさまざまな科学施設がつくられています。

この写真は何？

深さ 1 km
5万トンの水
高さ約42m

神岡町 池ノ山
1km
2km
3km

A スーパーカミオカンデ（日本）
岐阜県飛騨市神岡町の神岡鉱山跡に建設され、地下1kmに設置された、東京大学宇宙線研究所の装置。宇宙から飛来するニュートリノを観測している。

写真：東京大学宇宙線研究所
神岡宇宙素粒子研究施設

バーンホフ社データセンター「ピオネン」(スウェーデン)

ストックホルムの地下30mにあるここは、冷戦中の1970年代につくられ、核シェルター兼指令センターとして利用されていたもの。軍事目的の利用を終えたあと、1994年に設立されたインターネット・サービス・プロバイダーやサーバ・ホスティング・サービスをおこなう会社「バーンホフ(Bahnhof)」がデータセンターとして利用している。

深さ 30m

Images of the Data Center "Pionen" belongs to Bahnhof AB, Sweden (www.bahnhof.net). Photographer: Kristina Sahlén.

スヴァールバル世界種子貯蔵庫(ノルウェー)

ノルウェー・スヴァールバル諸島に2008年につくられた、世界最大級の種子保存施設。気候変動や自然災害、核戦争などによって、地球規模の食糧危機がおきた際に、農作物をはじめとする植物の絶滅をふせぐことを目的とする。通常は冷却装置でマイナス18〜20℃を保っているが、万一装置が故障しても、永久凍土にかこまれた環境なので冷凍に適した温度を保つことができるとされている。

貯蔵庫　入口

貯蔵庫には約450万種の保存が可能。

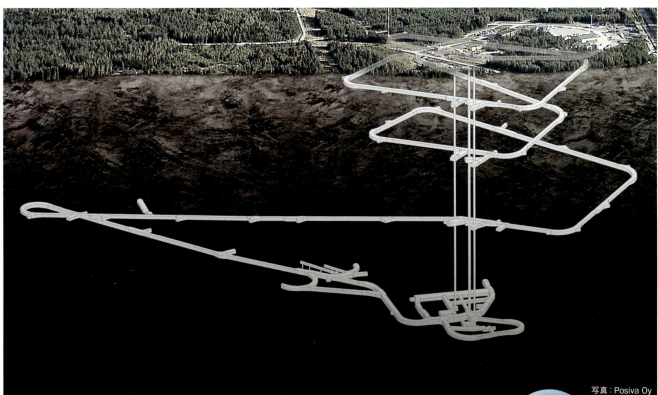

写真：Posiva Oy

放射性廃棄物最終処分場「オンカロ」(フィンランド)

高レベル放射性廃棄物を半永久的に地中にうめる最終処分場の建設がフィンランドで進められている。複数のトンネルで構成するこの施設の名前は「オンカロ」。フィンランド語で、洞窟という意味。内部は低温に保たれ、岩盤は極度に乾燥している。これは、廃棄物を水分による腐食から保護するために、重要な条件。

深さ 450m

ものしり雑学

地下をテーマにした作品

この本では「はじめに」でジュール・ヴェルヌの『地底旅行』についてふれましたが、ここでは、地下に関係する小説と漫画を3つみてみましょう。

小説『レ・ミゼラブル』と下水道

1862年、フランスの文豪ヴィクトル・ユゴーが書いた小説『レ・ミゼラブル』には、主人公のジャン・バルジャンがパリの地下に迷宮のようにはりめぐらされた下水道の中を逃げる場面が出てくる。物語にはパリの下水道が全長226kmにおよんでいると書かれている。そこは、犯罪者たちのかくれ家でもあった。この小説は、主人公の逃避行描写の中で作者の下水道に関する考え方が書かれているといわれている。

手塚治虫の『火の鳥（未来編）』

西暦3404年、人類は地下深くに都市をつくってすんでいた。しかし、その地下都市全体が老朽化し、電気を供給する発電機の調子が悪化。そうした中、地下都市で「最終戦争」が勃発。とうとう人類は絶滅してしまう。現在、世界の国ぐにで、核戦争のおそれから、地下シェルターをつくっている。この話は、人類はどこへいっても、核戦争がおこればおしまいになるという、おそろしい事実を物語っている。

漫画版『宇宙戦艦ヤマト2199』

アニメ『宇宙戦艦ヤマト』のリメイク作品の漫画版では、ガミラス帝国の遊星爆弾の攻撃を受けて海が干上がった地球がえがかれていた。生きのこった人類は、放射性物質から逃れ、地下都市へと逃げこんでいる。現実の世界でも、地下都市をつくる目的として核の被害の防御がある。一方、地下に放射性廃棄物最終処分場（→P71）をつくっているのも人類なのだ。

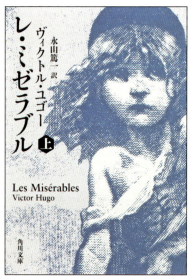

『レ・ミゼラブル』（KADOKAWA）
ヴィクトル・ユゴー作／永山篤一訳

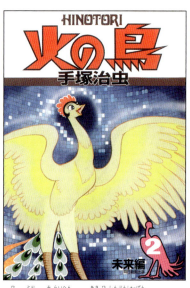

『火の鳥（未来編）』（朝日新聞出版）
手塚治虫作

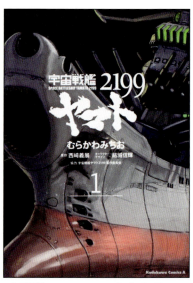

『宇宙戦艦ヤマト2199』（KADOKAWA）
むらかわみちお漫画、西﨑義展原作

PART4 地球規模の地下

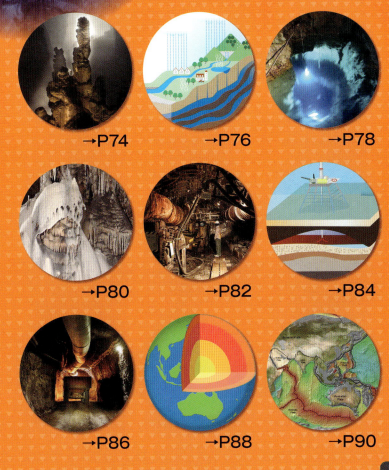

→P74　→P76　→P78

→P80　→P82　→P84

→P86　→P88　→P90

PART 4 地球規模の地下

① 地下洞窟を探検する

人類の地下に対する好奇心はとどまることを知りません。大自然がつくる地下洞窟、地下を流れる川、地底湖……と、人類は地下のふしぎをときあかそうと探検を続けています。

ソンドン洞窟
深さ 150m

ベトナムのフォンニャ＝ケバン国立公園にある、世界最大の洞窟で、1991年に地元民が発見したが、洞窟内におりることができずに調査を断念。2009年になって、イギリスとベトナムの共同探検隊が調査に入り、世界最大だと確認された。長さが9km以上に達し、深さは150m。その広大な内部には、40階以上の高層ビルが入ってしまうほど。写真は「犬の手」とよばれる70mもある巨大な石筍。

写真：BarCroft/アフロ

ワイトモ洞窟
深さ 不明

ニュージーランド北島のワイカト地方にある。別名グローワーム・ケーブ。グローワーム（土ボタル、または、ヒカリキノコバエとよばれる、青く光る虫）の洞窟として世界的に有名。マオリ語で「ワイトモ」の「ワイ」は水を、「トモ」は穴を意味するとおり、洞窟のなかにも川が流れている。

写真：ZUMA Press/アフロ

秋芳洞
深さ 約100m

山口県の秋吉台の地下にある日本最大級のカルスト地形（→P81）で、深さは秋吉台の地下約100m。全長は、約8.7kmに達する（そのうち1kmが観光用に公開されている）。本洞奥は水没し、3500mほどが潜水調査されている。写真は「百枚皿」とよばれる石灰分による形成物。国の特別天然記念物に指定されている。

鍾乳洞って、何？

「鍾乳洞」は、石灰岩が雨などにより浸食され、長い年月をかけてできた洞窟。二酸化炭素をふくんだ雨水が、非常にゆっくりと石灰岩をとかし、何万年もの長い時間をかけて洞窟をつくりだす。また、石灰岩をとかした水滴が洞窟内の天井からしたたり落ちて、石灰岩の成分がつららのように下向きにかたまる。これが「鍾乳石」となり、地面に落ちて上向きに成長すると「石筍」となる。

PART 4 地球規模の地下

②水が流れる地下

「地下水」は、地下を流れる、地下にたまっている水のことです。地球の地下には、小さな水たまりから、日本の国土より広い「帯水層」まであります。

千仏鍾乳洞
福岡県のこの鍾乳洞には小川が流れている。

クリアウォーター川
この地下河川は、マレーシアのボルネオ島にあるムル山を保護するためにつくられた、グヌン・ムル国立公園（2000年に世界遺産に登録）にある洞窟群のひとつ、クリアウォーター洞窟内を流れている。洞窟の全長は約107kmにもおよび、東南アジアでもっとも長いとされている。

もっと知りたい

アマゾン川の地下河川

アマゾン川の地下4kmのところに、幅200〜400km、全長約6000kmの大河が流れていることが、地熱（→P93）調査の結果、判明。研究グループのリーダーの名前をとって、仮にハムザ川と名づけられた。

地下水のメカニズム

地上にふった雨水や川の水は地下にしみこむが、かたくて水を通さない岩の層や通しにくい粘土層（→P93）にぶつかるととどまって、地下水となる。そのままとどまる水もあれば、土や砂の粒のあいだをぬって流れて地下河川になる水もある。地下水で満たされた地下の部分を「帯水層」という。

雨がふると水がしみこみ水量が増え、日照りになると減るが、雨の多少によって水位が上下する地下水を「自由地下水」とよぶ。一方、地下深くにある、上下を水通しの悪い層にはさまれている地下水を「被圧地下水」という。この地下水には、重なった土砂や岩石の層により圧力がかかっている。

地下水のもとは雨や雪

地下水を利用して水をまく

オガララ帯水層
深さ 約30〜120m

アメリカ中部の地下には、世界最大級の帯水層が広がっている。総面積は45万km²で、日本の国土の約1.2倍。地表から地下水面までの深さは北部で地下120mほど、南部では30〜60mほど。帯水層の厚さは、数mから160m。オガララ帯水層の上には、世界最大の穀倉地帯（→P92）「グレートプレーンズ」があり、地下水を利用した灌漑農法により、農地を拡大させている。

PART 4　地球規模の地下

蘆笛岩（リード・フルート洞窟）
深さ 約240m
1959年に発見された、中国南部にある鍾乳洞。深さ240m。500mが人の歩ける道として整備されている。

③ 地底湖

地下洞窟の中には、地下水がたまったところが多くあります。湖のように大きなものもあり、「地底湖」とよばれています。また、地下洞窟に水が流れこんで水中洞窟となったものもあります。

龍泉洞
水深最大 120m
岩手県にある龍泉洞は、日本三大鍾乳洞のひとつとされ、天然記念物に指定されている。この洞窟は、現在も調査中だが、すでに発見された地底湖が8つあり、そのうち第四地底湖（未公開）は、水深が120mで日本一という。写真は第三地底湖（水深98m）。

オックス・ベル・ハ洞窟
深さ 57.3m

オックス・ベル・ハ洞窟は、マヤ語で「3つの水の小道」という意味。ユカタン半島にある、長さ約270kmという世界最長の水中洞窟で、カリブ海とつながっている。地下の深さは57.3mとされている。

世界最長！

写真：ユニフォトプレス

水中洞窟はどうできる？

「水中洞窟」とは、長い年月をかけて形成された洞窟に、たくさんの地下水が流れこんだり、気候変動などによって海水面が上昇したりしたために水没した洞窟。

もっと知りたい

大谷石地下採掘場跡

自然にできた洞窟に水がたまるように、人が掘った穴に水がたまり、地底の湖のようになることがある。栃木県の大谷石地下採掘場跡は、大正時代から昭和の終わりまで大谷石を切りだしていた鉱山。広さは、2万m²にもおよび、野球場がひとつ入ってしまう大きさである。そこに、雨水や地下水が長い年月をかけてたまり、地底湖のようになった。

採掘場跡を見学できる大谷資料館。展示の一部には、水がたまって地底湖のようになったところもある。

PART4 地球規模の地下

④世界遺産になった洞窟

「世界遺産」とは、世界遺産リストに登録された遺跡、景観、自然など、人類が共有すべき「顕著な普遍的価値」をもつもののことです。地下の自然にもそうした価値がみとめられています。

写真：NPS Photo/Peter Jones

拒文岳溶岩洞窟群

韓国の済州島にある、いまから約10〜30万年前に拒文岳から噴出した溶岩でできたいくつかの溶岩洞窟。溶岩がかたまったあと、その中をふたたび熱い溶岩が流れてできた洞窟を溶岩洞窟という。「済州火山島と溶岩洞窟群」として、2007年に韓国ではじめて世界自然遺産に選ばれた。写真は溶岩洞窟のひとつ、万丈窟。

もっと知りたい

世界遺産条約

1972年、「世界の文化遺産及び自然遺産の保護に関する条約」（世界遺産条約）がユネスコ総会で採択された。この条約にもとづいて、世界の国ぐにが、自国にある「顕著な普遍的価値」をもつものを「世界遺産リスト」に登録。その目的は、登録することで「顕著な普遍的価値」を保護すること。保護しないと、劣化や破壊のおそれがあると心配されている。

シュコツィアン洞窟群　深さ 約223m

スロベニア南部のクラス地方にある、カルスト地形のシュコツィアン洞窟群は、1986年に世界自然遺産に登録。レカ川をはじめ、巨大な陥没孔（ドリーネ）や地底湖、地下洞窟、滝などで構成されている。地下の深さは223mで、長さは約6200mにおよぶ。

カールズバッド洞窟群
深さ 約490m

アメリカのニューメキシコ州のグアダルーペ山脈にある、カールズバッド洞窟をふくむ83の洞窟群は、1930年に国立公園に指定され、1995年には世界遺産に登録された。左の写真は、カールズバッド洞窟内の最大の空間（3万3210m²）にある「ドールズ・シアター」。右の写真はスローター・キャニオン・ケイブにある「the Guardian（守護者）」とよばれる石筍。そのほかにも、「the Christmas Tree（クリスマスツリー）」「the Monarch（君主）」「the Mushroom（マッシュルーム）」などと名前のついた、特徴的な鍾乳石がある。

写真：NPS Photo/Peter Jones

■カルスト地形とは？

カルスト地形とは、石灰岩などでできた大地が雨水や地下水などによってとかされてできた地形（鍾乳洞などの地下地形をふくむ）である。語源は、このような地形のところを、ドイツでカルスト（Karst）とよんだことによる。

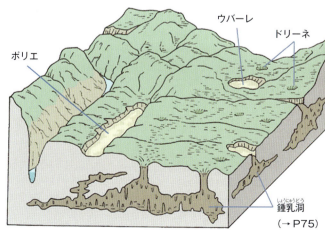

資料提供：国土地理院ウェブサイト

※ ドリーネ、ウバーレ、ポリエは、くぼ地の名前。ドリーネ→ウバーレ→ポリエの順に大きなくぼ地となり、形成もこの順番に従う。

プエルト・プリンセサ地下河川国立公園

この地下河川は、フィリピンのパラワン島のセントポール山地の地下を流れ、南シナ海に注ぐ。全長は約8.2km。パラワン島は、石灰岩でできているため、雨期にふる多量の雨により少しずつ浸食されて形成されたもの。下流部分は、海の潮の満ち引きに影響された独特の地形となっている。1999年、ユネスコの世界自然遺産に登録された。

PART 4　地球規模の地下

⑤石炭のある深さ

人類が地下をめざすのは、
なにも好奇心だけではありません。
16世紀に入ると、石炭が人類の進歩と
発展にとって必要不可欠のものになりました。
産業革命とともに、石炭の消費量が
飛躍的に増えることになったのです。
人類は石炭をもとめて
地下を掘りつづけました。

池島炭鉱
深さ 約650m

長崎県にあるこの鉱山では、2001年まで石炭の採掘がおこなわれていた。海面から深さ650mの海底で採掘がおこなわれていたため、地下に長いトンネルがあった。

露天採掘法と坑内採掘法

石炭は層状に堆積しており、その採掘方法には、「露天採掘」（→P93）と「坑内採掘」（→P92）がある。露天採掘は、地表から土や岩石を除去して石炭を採掘する方法。一方の坑内採掘は、このページの写真のように、地表からトンネル（坑道）を石炭層まで掘り、石炭のみを地下で採掘する方法。

もっと知りたい

石炭の生成

石炭は数億年前、湖や沼地近くに茂っていた植物が、長い時間をかけて地中の熱や圧力によっておしかためられ、炭化して黒い石のようになったもの。厚さ1mの石炭の層は約10mの樹木堆積から生成されると考えられている。石炭層は、厚さが数cmのものから100m以上におよぶ場合がある。

黒い層が石炭の層。

写真：小島健一　　写真：一般社団法人石炭エネルギーセンター

PART 4　地球規模の地下

こうした石油採掘は、世界の海でみられる

⑥石油がねむる深さ

海洋油田は、海洋プラットホームから海底下の地層を掘削機で掘りすすめ、油田から採集する。

第二次世界大戦は、「石油の時代」の到来となりました。戦後まもない1950年代には、中東やアフリカで相次いで大油田が発見されたこともあって、エネルギーの主役は石炭から石油へと移っていきました。石油は、大陸の地下にも海底の地下にもあります。

> **もっと知りたい**
>
> ### 石油の生成
>
> 石油は、大昔の海や川に生息していた生物やプランクトンなどが死んで海底に堆積し、長いあいだに土砂の重みや地球の熱を受けて変化し、液状に変化したものと考えられている。できた石油が岩のすきまを通り、地下の圧力で上へ上へと浸透し、油を通さない岩層（帽岩）の下にまで移動し集積して、たまったものが石油鉱床。地層が馬の背や丸天井のようになっていると、石油はいっそう集まりやすくなる。

メキシコ湾岸油田

これは、アメリカ南部のメキシコ湾周辺にある油田およびガス田の総称。メキシコ湾には、開発余地はほとんど残されていないようにみえるが、専門家によると、より沖合の水深が深い海域には、いまだに手つかずの地層が残されているという。

八橋油田
深さ 約350〜1750 m

秋田市西部に位置する日本で最大規模の油田。昭和30年前後には年間25万kL超の原油を生産する大油田となった。最盛期を過ぎた現在でも日本最大級の油田となっている。

> **もっと知りたい**
>
> ## シェールガス・シェールオイル・メタンハイドレート
>
> 「シェールガス」は、地下数百から数千mの頁岩層(シェール層)にふくまれているガスのこと。主成分はメタンで、天然ガスと変わらないが、従来のガス田とはことなる場所にあることから、「非在来型天然ガス」といわれている。「シェールオイル」は、おなじくシェール層にふくまれている石油のこと。これまでは採掘するのがむずかしかったが、近年取りだす方法が開発され、生産しやすくなった。「メタンハイドレート」は、メタンガスと水からなる氷状固体物質で、低温・高圧の環境条件の中で存在する。水深500m以深の深海底下の堆積物中や永久凍土中に広く分布している。これらはいずれも、エネルギー資源として有望視されている。

メタンハイドレートからガスを取りだすしくみ

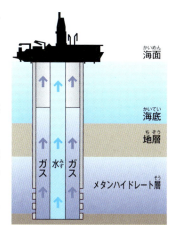

まずはポンプで周辺の水をくみあげることで地層の圧力を下げる。圧力が下がると、メタンハイドレートは水とメタンガスに分解される。こうして出てきたガスをパイプで引きあげ回収する。

PART 4　地球規模の地下

ミール鉱山　深さ 約525m

ロシアにある露天採掘（→P93）のダイヤモンド鉱山。深さ約525m、直径約1250mある。1957年から50年近くつかわれたあと、現在では観光地となっている。

写真：Alamy/アフロ

⑦鉱石をもとめて地下を掘る

「鉱石」（→P92）とは、資源として役立つ鉱物がふくまれる岩石のことです。鉱物（→P92）は石炭のように単体で地下にうまっていることよりも、いろいろな種類の鉱物が、鉱石として掘りだされることのほうが多いです。

菱刈鉱山

菱刈鉱山は、鹿児島県伊佐市にある日本最大の金鉱山だが、金だけではなく、銀も採掘されている。鉱山の中の道（坑道）は、標高265mの坑口から海抜マイナス50mの地点まで100km以上ある。

写真：住友金属鉱山株式会社（2点とも）

もっと知りたい

鉱物とは

鉱物は自然界で産出する結晶質の無機物の総称で、世界で4000種類以上が確認されている。たとえば、金、銀、銅、鉄、亜鉛、水銀、硫黄、ダイヤモンド、マンガン、ニッケル、コバルト、オパール、石英など。宝石につかわれるものや金属だけでなく、石灰石、岩塩なども鉱物にふくまれる。日本では、金、銀、銅、鉄、鉛、亜鉛などが産出されている。

ものしり雑学

人類のタイムカプセル・地層

地下から掘りだされるものに、人類の過去の遺産もあります。ただ掘りだすのではなく、どこの地層にうまっているかを知ることで、地球と人類の過去のようすがわかるといわれています。

地層とは

「地層」は、砂や泥、火山灰など、また、生物の死がいなどがつもってできた層のこと。それぞれの地層に何がふくまれているかを調べることで、地球と人類の過去のようすがわかることから、「人類のタイムカプセル」（タイムカプセル→P93）といわれることもある。

一橋高校遺跡の地層の実物大模型

1975（昭和50）年、東京都千代田区神田にある都立一橋高校の校舎改築工事にともなって「一橋高校遺跡」が発見された。その後の調査によって、江戸開府のころから現代までの遺構や遺物が何重にも重なっている地層が発見された。地層は大きくⅤ～0層に分けられ、下の層ほど古い時代のものになる。

実際にこういう場所がある!?

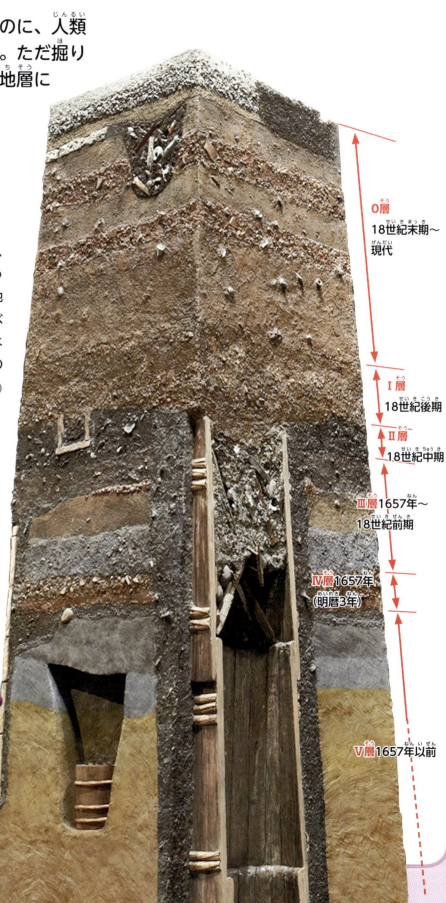

0層 18世紀末期～現代
Ⅰ層 18世紀後期
Ⅱ層 18世紀中期
Ⅲ層 1657年～18世紀前期
Ⅳ層 1657年（明暦3年）
Ⅴ層 1657年以前

写真：東京都江戸東京博物館

PART 4 地球規模の地下

⑧地球の内部

地球は、おおよそ右の図のような構造になっています。
地球自体のもっとも表面には、地殻とよばれるところがあります。
地殻は、大陸で厚く（平均30～60km）、海洋底ではうすく（約5～6km）なっています。

図中ラベル：地殻／上部マントル／下部マントル／外核／内核

地球の構造

アンドリア・モホロビチッチ（1857～1936年）

「地殻」とは、「モホロビチッチ不連続面より上の部分」と定義されている、おもに花崗岩、安山岩、玄武岩などの岩石でできているところをさす。「モホロビチッチ」は、クロアチア（当時はユーゴスラビア王国）の地震学者の名前。彼は1909年に地下の浅いところで発生した地震について研究している中で、地下およそ50kmのところに地震波の速度が急に変わる不連続面があることを発見した。この面は、その後の研究で地殻と上部マントルとを区別する重要な面であることがわかり、彼の名にちなんで「モホロビチッチ不連続面」とよばれている。地殻の下にあるのが、「マントル」。さらにその内側にあるのが、「核」。そのようすをさらにくわしく見ると、上のイラストのようになっている。こうした地球内部のようすについて、穴を掘って内部の物質を採取して調べることができるのは、地殻の上層だけ（ロシアのコラ半島でおこなわれたボーリングで深さ1万2262mまで達したのが現在の最深の記録）。それより深いところがどうなっているのかは、マントルが融解してできるマグマによって深部から地表に運ばれてくる岩石を調べることで推測される（ダイヤモンドは5万気圧、すなわち地下150kmより深いところで生成される）。それでも、せいぜい地下200kmまでのマントルの岩石しか入手できない。地表から地球の中心部までは6378kmのため、地球内部がどうなっているか、完全にはわかっていない。

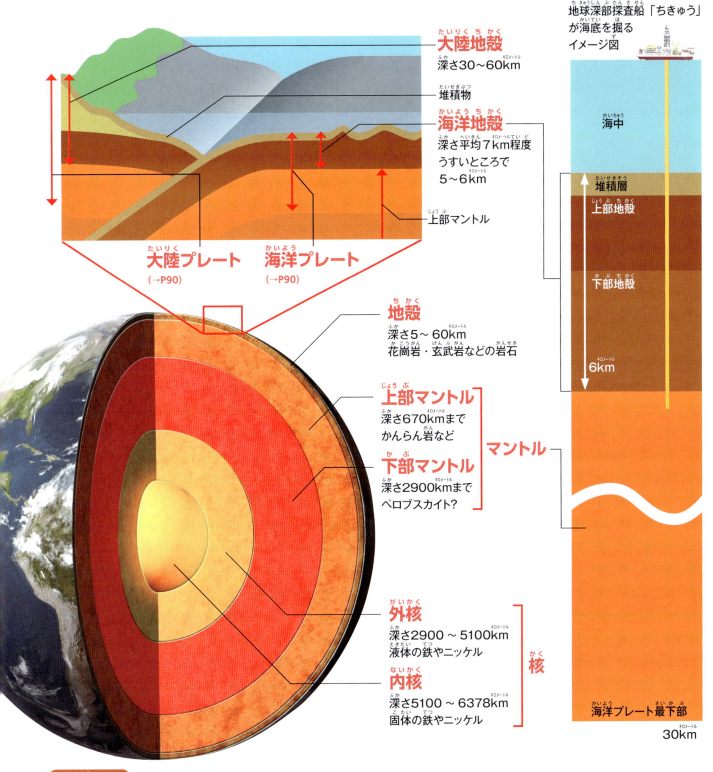

地球深部探査船「ちきゅう」

これまで人類が達した地球の一番深い地点は、1万2262m。日本の海洋研究開発機構（JAMSTEC）（→P92）の地球深部探査船「ちきゅう」は、大陸地殻よりもうすい、海底地殻を7000m掘りぬいて、人類がはじめてマントルへと到達する挑戦をおこなっている。その目的は、「巨大地震発生のしくみ、地球規模の環境変動、地球内部エネルギーにささえられた地下生命圏、新しい海底資源の解明など、人類の未来を開くさまざまな成果をあげること」だという。

「ちきゅう」は全長210m、幅38m。中央にそびえたつデリック（掘削やぐら）の高さは船底から130mある。

PART 4 地球規模の地下

⑨地球をおおう地下のプレートとは

88ページでみた地殻とマントルの外側の一部は、地球全体でみると「プレート」とよばれるいくつかの超巨大な板になっています。

> 超巨大なプレートが動く!?

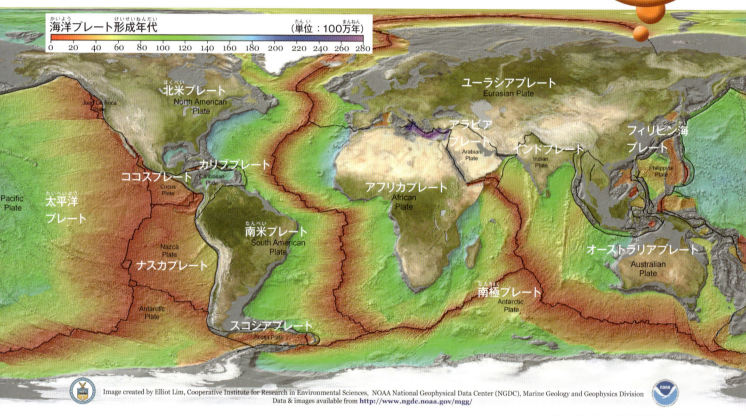

大陸プレートと海洋プレート

プレートには大陸プレート（陸地）と海洋プレート（海の底）がある。どちらのプレートも、固体でありながらも地球内部のマントルの対流により、年間数cmほどのスピードで非常にゆっくりと動いている。また、海洋プレートは、大陸プレートよりも強固で密度が高いため、大陸プレートとぶつかりあうところでは、海洋プレートが大陸プレートの下にしずみこんでいる。

世界のおもなプレートと地震の分布（赤い部分が地震多発地帯）。
出典：気象庁

ものしり雑学

プレート境界型地震
（きょうかいがたじしん）

プレート活動により生じる地震をまとめて「プレート境界型地震」とよんでいます。左ページに記したとおり海洋プレートが大陸プレートの下にしずみこんでいますが、しずみこむプレートに引きずられてひずみが生じたプレートがもとにもどろうとしたときに地震が発生します。

日本列島付近では、ユーラシアプレートの下にフィリピン海プレートがしずみこむなど、いくつかのプレートどうしが複雑にからんで、❶❷❸のようなプレートのぶつかりあいがおきている。そのため、そのぶつかりあっている広い範囲のいたるところで、ぶつかりによるひずみが生じている。ひずみがあるところは無数にあり、それらのひずみがいつ・どこでもとにもどろうとするかわからない。プレートのひずみがもとにもどろうとしたとき、大きな衝撃が生じる。これが地震となる。左ページの下図からわかるように、世界の多くの大地震がプレート境界でおこっているが、プレートが複雑にぶつかりあっている日本列島付近はこれまで、とくに地震が多く発生してきた。そして、今後も発生すると予測されている！

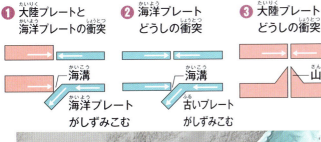

❶ 大陸プレートと海洋プレートの衝突
❷ 海洋プレートどうしの衝突
❸ 大陸プレートどうしの衝突

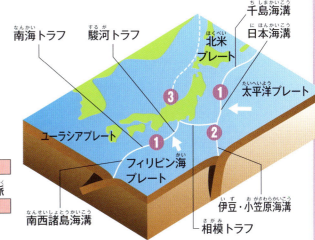

千島海溝／南海トラフ／駿河トラフ／北米プレート／日本海溝／太平洋プレート／ユーラシアプレート／フィリピン海プレート／南西諸島海溝／伊豆・小笠原海溝／相模トラフ

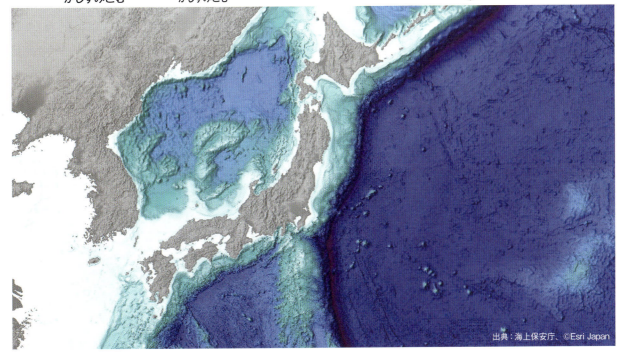

出典：海上保安庁、©Esri Japan

※「海溝」は海底が細長いみぞ状に深くなっていて深さ6000mをこえるもの。深さが6000mより浅いものを「トラフ」という。

用語解説

● 五十音順　右がわの数字は用語が登場するページ

LNG地下タンク … 59
LNGを貯蔵する地下タンク。LNGとは、液化天然ガスのこと。メタンを主成分とする天然ガスを、マイナス162℃まで冷却して、液体にしたもの。体積が気体のときの数百分の一になり、運んだり貯蔵したりしやすくなる。また、燃やしたときに、石油などにくらべ、二酸化炭素の排出量が少ないといわれる。LNG地下タンクは、地上式タンクにくらべ、万が一破損しても周囲におよぼす影響が少ない、タンク同士の間隔をせばめることができる、景観をさまたげないなどのメリットがある。一方、工事に高度な技術と時間、コストがかかるデメリットがある。

海洋研究開発機構（JAMSTEC） … 89
海洋科学技術の推進と学術研究協力を目的とする独立行政法人。1971年設立の海洋科学技術センターから、2004年に独立行政法人に移行して現在の名称になった。有人潜水調査船「しんかい6500」、地球深部探査船「ちきゅう」などを所有し、国内外での深海調査研究の中核を担う重要な役割をはたしている。

（建物の）基礎 … 56、64
建物そのものの自重や、地震や風によって加わる荷重を地盤に伝えて建物を支える、建物の最下部にあたる構造部分の総称。建物の大きさや重さ、用途、地質などによって適した形式がことなり、安全性や耐震性に大きくかかわる。

球根 … 22、23
植物の体の一部が地下で養分をたくわえて肥大化し、球状や塊状になったもの。冬期や乾期など、成長に適さない季節をしのぐ役割をする。また、多くの場合、特別の生殖細胞によらずに、体の一部から新しい個体をつくる「栄養繁殖」の役割もかねる。

共生 … 16、17
ふたつのことなる生物が、たがいに作用しあう状態で生活すること。たとえばミツバチは花から花粉とみつを受けとり、花はミツバチがほかの花から運んだ花粉をふりかけてもらい受粉する。

恒温動物 … 36
外気温の変化にかかわりなく、常にほぼ一定の体温を保っている動物のこと。哺乳類や鳥類がこれにあたる。体温は種類によってことなり、たとえばヒトは36〜37℃、イヌは38〜39℃くらい。外気温が下がると冬眠するコウモリやシマリスなどは、冬眠中は体温が下がる。（⇔変温動物）

光合成 … 25
緑色植物や光合成細菌が光エネルギーを利用して、二酸化炭素と水から有機物（糖）を合成すること。緑色植物の光合成は葉緑体でおこなわれ、このとき酸素が発生する。

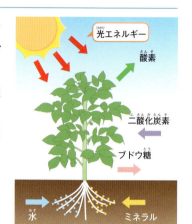

鉱石 … 86
人間にとって価値があり、かつ技術的に採掘や生産ができる鉱物（下参照）、あるいは鉱物の集合体のこと。

坑内採掘 … 83
坑道を掘って地下の鉱石などを採掘すること。鉱床（鉱物が局部的に集まっているところ）が地下深くに存在する場合や、露天採掘がむずかしい場合に用いられる。一般的に、露天採掘よりもコストがかかり、作業員の危険性も高いといわれる。

鉱物 … 86
自然界に産出する均一な物質で、ほぼ一定の化学組成をもつもの。多くは結晶状態である。現在数千種類の鉱物が知られている。

穀倉地帯 … 77
生産量が消費量を大きく上回るほど、穀物を豊富に産出する地域。アメリカやカナダのプレーリー、アルゼンチンのパンパ、ウクライナの黒土地帯などは、有名な小麦の穀倉地帯。日本では東北地方や北陸地方がコメの穀倉地帯にあたる。

シールドマシン … 61、65
円筒形の掘削機。現在、トンネル工事には、シールドマシンをつかったシールド工法が多く用いられている。シールド工法とは、シールドマシンで地中を掘りすすみながら、後方の掘りおえた部分にコンクリートや鉄鋼製のブロックをはりつけていく工法。けずりとられた土砂は、パイプなどをつかって地上に運ぶ。

首都圏外郭放水路 ……………………… 50
埼玉県東部の国道16号の地下に建設された、世界最大級の地下放水路。地下約50m、延長6.3km。洪水被害をふせぐため、大雨の際、中小河川のあふれた水を地下に取りこんで江戸川に排水する。

ターミナル駅 …………………………… 63
複数の路線が乗りいれ、列車やバスなどの起点・終点となる駅。

タイムカプセル ………………………… 87
その時代の文化や生活のようすを後世に伝えるため、品物や記録などをおさめて地中にうめておく容器。

脱皮 ……………………………………… 33
昆虫類や節足動物などかたい殻をもつ動物が、成長の過程で古い殻をぬぎすてること。また、爬虫類や両生類が皮膚を更新することも脱皮という。

地下茎 ………………………… 15、18、23
地面より下にある茎のことをいう。根っことかんちがいされやすいが、地下茎の構造は地上部の茎とおなじ。芽や葉が生える。

地熱 ……………………………………… 76
地球自身が保有する熱のこと。

偵察衛星 ………………………………… 47
光や電波、赤外線などをつかって宇宙から外国の地表を撮影したり、電波を傍受したりする軍事目的の人工衛星。スパイ衛星ともいう。

てこの原理 ……………………………… 15
棒などをつかって、小さな力で重いものを動かすしくみ。支点（てこを支え、棒がかたむくときの中心になるところ）、力点（てこに力を加えるところ）、作用点（加えた力がはたらくところ）があり、力点と支点の距離がはなれればはなれるほど、より小さな力でものを動かすことができる。また、作用点と支点の距離が近づけば近づくほど、より小さな力でものを動かすことができる。

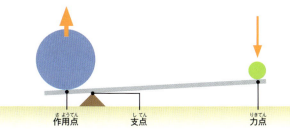

粘土層 …………………………………… 77
粘土が層になっている地層。粘土は、岩石が分解してできたきわめて微細な粒子の集まり。水分を加えると粘着性と可塑性（固体に力を加えて変形させたとき、力が取りさられてももとにもどらない性質）があり、乾くとかたくなる。

ふ化 ………………………………… 33、35
たまごがかえること。

変温動物 ………………………………… 36
外気温の変化によって体温がいちじるしく変わる動物のこと。哺乳類や鳥類をのぞいた動物がこれにあたる。外気温が低温になると活動ができなくなり、冬眠や休眠をするものが多い。（⇔恒温動物）

ライフライン …………………………… 55、64
命や生活を維持し、都市生活の基盤となる、水道や電気、ガス、通信、交通などのシステム（インフラストラクチャー）の総称。

リニア …………………………………… 65
リニアモーターカーのこと。モーターを直線状に引きのばし、吸引力と反発力をそのまま推進力にするリニアモーターをつかう。浮上して進むので摩擦が少なく、よりはやいスピードが出せる。建設が進められている「リニア中央新幹線」のリニアモーターカーは、磁力で車体を約10cm浮かせ、最高時速約500kmで走る計画となっている。

露天採掘 …………………………… 83、86
坑道をつくらずに地表から直接掘りすすんで鉱石などを採掘すること。鉱床が地表近くに広くあり、表土を取りのぞきやすい場合に用いられる方法。

さくいん

あ行

青首ダイコン	19
明石海峡大橋	57
秋芳洞	75
安治川隧道	67
アスパラガス	20
アナウサギ	39
アナグマ	39
アネモネ	23
アマゾン川	76
アリ	29, 30, 31, 43, 44
アリジゴク	28, 29
アリスシティネットワーク構想	69
アリの巣	30, 31, 43
アルマジロ	39
アンカレイジ	57
暗渠	46, 49
イェレバタン貯水池	45
池島炭鉱	82
五木寛之	26
ウサギ	39
ウスバカゲロウ	29
『宇宙戦艦ヤマト2199』	72
ウド	20, 21
ウド室	21
ウミガメ	35
梅田地下街	63
枝張り	12
枝豆	17
LNG地下タンク	59, 92
オオミズナギドリ	39
大谷石地下採掘場跡	79
オガララ帯水層	77
小田急エース	63
オックス・ベル・ハ洞窟	79
オデッセイア21構想	68
オンカロ	71

か行

カールズバッド洞窟群	81
外核	40, 88, 89
塊茎	19, 23
塊根	19, 23
海底トンネル	66
カイマクル地下都市	44
海洋研究開発機構（JAMSTEC）	89, 92
海洋地殻	89
海洋プレート	89, 90, 91
カエル	36
核	88, 89
ガス管	52, 53
ガスタンク	58
ガソリンスタンド	59
カタコンベ	45
カタツムリ	37
カッパドキア	44, 46, 47, 62
下部マントル	88, 89
カメ	35
苅住曻	13
カルスト地形	75, 80, 81
環形動物	34
神田川	49
神田下水	48
カンナ	23
関門鉄道トンネル	66
関門トンネル人道	67
（建物の）基礎	56, 92
キノコ	16
球茎	23
球根	22, 23, 92
共生	16, 17, 92
共同溝	47, 55
菌根菌	16, 37
菌糸（体）	16
キンセンカ	25
菌輪	16
菌類	37
杭基礎	56
茎	18, 19, 20, 23, 25
クマ	36
熊谷組	68
熊本長ニンジン	19
グラジオラス	23
グリーンアスパラガス	20
クリアウォーター川	76
クリスタ長堀	62
栗山貴嗣	60
クロアカ・マキシマ	46
クロスズメバチ	32
クロッカス	23
クロナガアリ	30, 31
下水道	46, 47, 48, 49, 72
下水道管	51, 53, 55
ケラ	34, 42
恒温層	40
恒温動物	36, 92
光合成	25, 92
鉱石	86, 92
坑内採掘	83, 92
鉱物	86, 92
河骨川	49
コウモリ	36
ゴカイ	34
穀倉地帯	77, 92
コハナバチ	33
コムンオルム溶岩洞窟群	80
根茎	13, 23
根菜	18
昆虫	29, 37, 40
コンニャク	23
根粒菌	17, 37

さ行

細菌類	37
『最新　樹木根系図説』	13
サツマイモ	18, 19, 23
サトイモ	18, 19, 23
サンショウウオ	37
産卵	35, 37
シールドマシン	65, 92
シェールオイル	85
シェールガス	85
ジオ・シナップス構想	69
ジオフロント	68, 69
シクラメン	23
子実体	16
地震多発地帯	90
ジネズミ	37
ジャガイモ	18, 19, 23
収穫アリ	30, 31
自由地下水	77
シュコツィアン洞窟群	80
首都圏外郭放水路	50, 93
ショウガ	23
鍾乳石	75, 81
鍾乳洞	75, 76, 78, 81
上部マントル	88, 89
新宿駅	63
『新世紀エヴァンゲリオン』	69
巣穴	29, 38, 39
水底トンネル	66, 67
水道管	51, 52, 53, 55
スヴァールバル世界種子貯蔵庫	71
スーパーカミオカンデ	47, 70
スズメ	28, 29
青函トンネル	66
世界遺産	76, 80, 81
世界遺産条約	80
石筍	74, 75, 81
石炭	82, 83, 84, 86
石油	84
石灰岩	75, 81
節足動物	37
セミ	32, 33
千仏鍾乳洞	76
ソメイヨシノ	13
ソンドン洞窟	74

た行

ターミナル駅	63, 93

『大河の一滴』	26	
太閤下水	48	
ダイコン	19	
第3新東京市	69	
大深度地下使用法	64, 65, 68	
大豆	17	
帯水層	76, 77	
大成建設	66, 69	
タイムカプセル	87, 93	
ダイヤモンド	88	
大陸地殻	89	
大陸プレート	89, 90, 91	
竹	14, 15	
タケノコ	14, 15	
脱皮	33, 93	
ダニ	37	
タマネギ	18, 20, 22, 23	
ダリア	23	
担根体	23	
タンポポ	24	
地下街	47, 62, 63	
地下河川	47, 76, 81	
地下宮殿	45, 50	
地殻	11, 40, 66, 88, 89	
地下茎	15, 18, 23, 93	
地下シェルター	47, 72	
地下水	76, 78, 79, 81	
地下貯水槽	45, 51	
地下鉄	47, 50, 60, 61	
地下鉄ストア	62	
地下都市	43, 44, 46, 47, 62, 68, 69, 72	
地球	88	
地球深部探査船「ちきゅう」	89	
竹林	14, 15	
地層	87	
地中連続壁杭	57	
地底湖	74, 78, 79, 80	
地熱	76, 93	
チューリップ	22, 23	
調圧水槽	47, 50	
直接基礎	56	
通信ケーブル	51, 53, 55	
ツカツクリ	35	
ツユクサ	25	
偵察衛星	47, 93	
てこの原理	15, 93	
手塚治虫	72	
テムズトンネル	66, 67	
電気ケーブル	51, 53, 55	
電柱	54, 56	
東京外かく環状道路	65	
東京ガス扇島LNGタンク	59	
東京スカイツリー	56, 57	
東京地下鉄道	62	
東京動脈	60	
東京湾アクアライン	66	
洞窟	45, 71, 74, 75, 76, 78, 79, 80, 81	
冬眠	36	
トカゲ	35, 37	
土壌	11, 37, 66	
土壌生物	37	
トノサマガエル	36	
トノサマバッタ	35	
トリュフ	16	
トンネル	29, 37, 38, 39, 43, 45, 50, 61, 64, 65, 66, 67, 69, 71, 82, 83	

な行

内核	40, 88, 89	
ナガイモ	23	
ナックル・ウォール	57	
ナメクジ	37	
ナンキンマメ	17	
軟体動物	37	
日本シビックコンサルタント	69	
ニンジン	19	
ニンニク	23	
根	10, 12, 13, 14, 16, 17, 18, 19, 23, 24, 25, 26, 33, 37, 54, 56, 57	
ネズミ	37, 39	
根張り	12, 13	
粘土層	77, 93	

は行

ハス	18	
PATH	62	
ハチ	32	
爬虫類	35, 37	
ハムザ川	76	
ハリネズミ	36	
「春の小川」	49	
ハンミョウ	28, 29	
被圧地下水	77	
ピーナッツ	17	
ピオネン	71	
菱刈鉱山	86	
微生物	17, 37	
一橋高校遺跡	87	
『火の鳥(未来編)』	72	
ヒヤシンス	23	
ヒル	34	
フィリピン海プレート	91	
プエルト・プリンセサ地下河川国立公園	81	
ふ化	33, 35, 93	
覆土式タンク	58	
冬ごもり	36	
プレート	90, 91	
プレート境界型地震	91	
プレーリードッグ	38, 39	
ベゴニア	23	
ヘビ	35, 37	
変温動物	36, 93	
放射性廃棄物最終処分場	47, 71, 72	
ボスポラス海峡海底鉄道トンネル	66, 67	
哺乳類	36, 37	
ホワイトアスパラガス	20, 21	
ホンシメジ	16	

ま行

マウンド	38	
マグマ	88	
マツタケ	16	
マメ科	11, 17	
マントル	40, 88, 89, 90	
マンホール	51	
ミール鉱山	86	
ミミズ	29, 34, 37, 42	
ムカデ	37	
無電柱化	55	
メキシコ湾岸油田	85	
メタンハイドレート	85	
モウソウチク	15	
モグラ	28, 29, 37, 43, 44	
モグラ塚	29	
モホロビチッチ不連続面	88	
守口ダイコン	19	
モンキーポッド	11	

や行

ヤスデ	37	
八橋油田	85	
ヤマノイモ	23	
ユーラシアプレート	91	
ユリ	23	

ら行

ライフライン	55, 64, 93	
ライ麦	26	
落花生	17	
リス	36, 38	
リニア	65, 93	
リニア中央新幹線	65	
龍泉洞	78	
両生類	36, 37	
鱗茎	18, 23	
レインツリー	11	
『レ・ミゼラブル』	72	
レンコン	18, 23	
蘆笛岩	78	
露天採掘	83, 86, 93	

わ行

ワイトモ洞窟	75	

企画・構成・文／稲葉茂勝（いなば　しげかつ）

1953年東京都生まれ。大阪外国語大学、東京外国語大学卒業。子ども向け書籍のプロデューサーとして多数の作品を発表、総数は1000作品を超える。自らの著作は『世界の言葉で「ありがとう」ってどう言うの？』（今人舎）など。国際理解関係を中心に著書・翻訳書の数は、80冊以上にのぼる。2016年9月より「子どもジャーナリスト」として、執筆活動を強化しはじめた。

編集／こどもくらぶ（二宮祐子）

こどもくらぶは、あそび・教育・福祉分野で、子どもに関する書籍を企画・編集している。おもな作品に『目でみる単位の図鑑』『目でみる算数の図鑑』『目でみる1mmの図鑑』『0歳からのえいご絵ずかん』『小学生の英語絵ずかん』『できるまで大図鑑』（以上、東京書籍）、「日本の自動車工業」「知ろう！　防ごう！　自然災害」（以上、岩崎書店）、『歴史ビジュアル実物大図鑑』「はたらくじどう車スーパーずかん」『ポプラディア大図鑑　WONDA　鉄道』（以上、ポプラ社）など、毎年100～150タイトルほどの児童書を企画、編集している。

ホームページ　http://www.imajinsha.co.jp

装幀／松田行正＋杉本聖士（マツダオフィス）

本文デザイン・制作／エヌ・アンド・エス企画
菊地隆宣、尾崎朗子、吉澤光夫、矢野瑛子、信太知美、石井友紀

写真協力

Michel Royon, Wikimedia Commons, Global Crop Diversity Trust, Landbruks- og matdepartementet
田舎の写真屋、おおや、千葉のカエル、ぱてぃ、ひ〜さん、dorry、nakanakaさん、Neo、mirai4192、monika、STRIPED OWL 、Yama ― PIXTA
©Bert Beckers / ©Dmitry Zamorin / ©Hel080808 / ©Jacek Sopotnicki / ©Özgür Güvenç / ©Sergio Schnitzler / ©Sikth / ©Tuomaslehtinen / ©Vassiliy Kochetkov ©Zlikovec ― dreamstime.com / ©哲 野口 / ©Andrea Danti / ©Andrea Izzotti / ©davidevison / ©Caito / ©Frankix / ©hiro / ©kalafoto / ©kei u / ©Lukasz Z / ©Marina Lohrbach / ©nikitamaykov / ©rob francis / ©show-m / ©Swellphotography / ©ymgerman / ©Zlikovec ― fotolia / ©Cora Miller / ©designua / ©Melinda Kosztaczky ― 123RF / ©Pavel Tvrdy / Shutterstock.com
※ここに記載しているもの以外は、写真のそばに掲載しています。
※東京スカイツリー、スカイツリーは東武鉄道㈱・東武タワースカイツリー㈱の登録商標です。

おもな参考資料

『大きな写真と絵でみる　地下のひみつ』（あすなろ書房）
『世界の鳥の巣の本』（岩崎書店）
『ジュニアサイエンス これならわかる！科学の基礎のキソ 地球』（丸善出版）
『みんなの命と生活をささえる インフラってなに？ ①水道』（筑摩書房）
『地底旅行』（岩波文庫）
イェレバタン貯水池公式ホームページ
海洋研究開発機構ホームページ
国土交通省ホームページ
農林水産省ホームページ
リニア中央新幹線公式ホームページ
ほか、各機関ホームページ

※この本のデータは、2017年6月までに調べたものです。

目でみる地下の図鑑

2017年8月10日　初版第1刷発行

編　者　こどもくらぶ
発行者　千石雅仁
発行所　東京書籍株式会社
　　　　〒114-8524　東京都北区堀船2-17-1
　　　　電話 03-5390-7531（営業）　03-5390-7508（編集）
　　　　http://www.tokyo-shoseki.co.jp
印刷・製本　図書印刷株式会社

Copyright © 2017 by Kodomo Kurabu and Tokyo Shoseki Co., Ltd.
All Rights Reserved. Printed in Japan
乱丁・落丁の際はお取り替えさせていただきます。本書の内容を無断で転載することはかたくお断りいたします。
ISBN 978-4-487-81069-7　C0640

JASRAC出1706335-701